Muhammad Zaheer Khan
Roohi Kanwal
Tasneem Saqib

População de aves em torno de aeródromos de Karachi

Muhammad Zaheer Khan
Roohi Kanwal
Tasneem Saqib

População de aves em torno de aeródromos de Karachi

ScienciaScripts

Cover image: www.ingimage.com

This book is a translation from the original published under ISBN 978-3-659-78681-5.

Publisher:
Sciencia Scripts
is a trademark of
Dodo Books Indian Ocean Ltd. and OmniScriptum S.R.L publishing group

120 High Road, East Finchley, London, N2 9ED, United Kingdom
Str. Armeneasca 28/1, office 1, Chisinau MD-2012, Republic of Moldova, Europe
Managing Directors: Ieva Konstantinova, Victoria Ursu
info@omniscriptum.com

Printed at: see last page
ISBN: 978-620-8-39886-6

ÍNDICE

Capítulo 1

INTRODUÇÃO

A nível mundial, as aves são membros benéficos de um ecossistema e importantes para a humanidade. As aves são úteis para a economia agrícola no controlo das pragas das plantas e algumas constituem o único método de limpeza eficaz ao dispor da população rural. Mas o desenvolvimento não planeado das cidades nos tempos modernos criou situações não naturais, incluindo a proliferação e concentração insalubres de aves em torno de aeródromos. A colisão de aves com aeronaves é conhecida na terminologia do tráfego aéreo como "Bird strike" e representa um perigo grave para o tráfego aéreo. A colisão de aves com aeronaves pode ser definida como "a colisão de aves e aeronaves dentro ou fora da área do porto aéreo com possível influência na segurança do voo de uma aeronave". O aparecimento de aves nos aeroportos pode representar um problema significativo e criar dificuldades na regularização dos procedimentos normais de tráfego aéreo. O risco de colisão entre aeronaves e aves tem vindo a aumentar muito rapidamente nas últimas décadas. A primeira morte por colisão com aves foi registada em 1912, quando Cal Rodgers, que voava pelos EUA, perdeu a vida depois de uma gaivota ter ficado presa nos comandos da sua aeronave. O problema da colisão de aves é mundial e chamou a atenção dos cientistas quando se tornou perigoso para o voo.

Thrope (1996) referiu que a colisão entre aves e aeronaves pode ter consequências catastróficas e resultou na perda de pelo menos 190 vidas e 52 aeronaves na aviação civil do Reino Unido. Richardson e West (2000) afirmaram que se registaram 283 perdas de aeronaves militares e 141 mortes nos países ocidentais entre 1985 e 1999.

Horton *et al.* (1983) afirmaram que aves como as gaivotas podem viajar mais de 30 milhas por dia entre os locais de alimentação e de repouso e deslocar-se regularmente entre as colónias de reprodução e os aterros sanitários durante a época de reprodução.

Parr (1968) referiu que as aves que voam em grupo ou em fila nas trajectórias de aproximação e de partida das aeronaves representam um risco grave para a segurança de voo das aeronaves.

Demarchi e Searing (1996), Dekkar (1996), Herzog (1997), Jackson e Brown (1998) e Dekkar (2000) referiram igualmente o efeito perigoso da deambulação das aves nos aeroportos. Os grandes bandos de aves são considerados a maior ameaça para as aeronaves entre os diferentes tipos de aves que estão normalmente envolvidos em colisões com aeronaves. As aves são especialmente perigosas à luz dos actuais progressos tecnológicos significativos, em que a velocidade das aeronaves aumenta e os níveis de ruído são cada vez mais baixos. As aeronaves são demasiado rápidas e silenciosas para que as aves as sintam e as evitem. Por conseguinte, tornaram-se uma ameaça muito séria para a segurança das aeronaves e para a segurança do tráfego aéreo em geral.

Vários investigadores como Sugg (1965), Meads e Carter (1973), Major e Dill (1978), Mudge e Fems (1982), Horton *et al.* (1983), Merchant *et al.* (1990), Milsom (1990), Pomeroy e Hepner (1992), Hild (1995), Demarchi (1996), Ferns (1996), Seubert (1996), Vantets (1996), Primus e Furcolow (1997), Hahn (1997), Dolbeer *et al.* (1998), Hild e Muentze (2000), Hild (2002), Hild (2003), Hahn (2004) trabalharam sobre o empoleiramento de aves perto de campos de aviação e o seu efeito na segurança dos voos de aeronaves. A concentração crescente de aves predadoras nas proximidades dos grandes aeroportos do país é motivo de grande preocupação para todos os que se dedicam à aviação. Os aeroportos são atractivos para as aves como habitat, fontes de alimentação e estadias temporárias ou apenas como área de vadiagem. O perigo das aves tornou-se um problema significativo para a aviação nos tempos modernos em todo o mundo. As aves envolvidas em colisões com aeronaves são de muitas espécies, desde as mais pequenas que um pardal até às maiores que um abutre. Estes problemas variam de país para país e, frequentemente, de um aeródromo para outro.

As aves também já causaram milhões de dólares em danos a aeronaves. Os aviões a jato são ainda mais vulneráveis às aves do que os aviões comerciais. Embora os motores a jato de maiores dimensões sejam concebidos para poderem ingerir uma pequena ave ocasionalmente com danos menores no motor. Uma ave grande ou um grande número de aves mais pequenas sugadas pelos motores de um avião a jato provocaram a queda de mais de um avião. As aeronaves militares são especialmente vulneráveis a colisões com aves na cabina de pilotagem quando voam baixo e depressa em missões de treino a 500 pés e 500 nós. Carter (2002) referiu que os aeroportos atraem um grande número de aves principalmente porque oferecem imensas extensões de habitats de forrageamento e de nidificação livres da ameaça de predação.

Dolbeer e Eschenfelder (2004) referiram que as colisões entre aves e aeronaves (bird strikes) são uma preocupação crescente em termos de segurança e económicos para a indústria da aviação civil em todo o mundo, custando mais de mil milhões de dólares por ano. É necessário intensificar a investigação e o desenvolvimento de radares de deteção de aves para avisar os pilotos dos bandos de aves migratórias e de técnicas que tornem as aeronaves mais visíveis para as aves. Weitz (2000) referiu que, entre 1985 e agosto de 1999, a Força Aérea dos Estados Unidos registou mais de 38 000 colisões com aves, com custos superiores a 500 milhões de dólares.

No Paquistão, não foi publicado nenhum trabalho significativo sobre o risco de colisão de aves, mas no que respeita à Força Aérea e à autoridade da aviação civil, continuam a ser desenvolvidos esforços para encontrar uma solução para este problema. O objetivo do presente trabalho é estudar os riscos de colisões de aves em torno de alguns aeródromos de Carachi, incluindo a monitorização das aves presentes em torno dos aeródromos, as suas ameaças e efeitos sobre as aeronaves e os métodos de prevenção destas aves utilizando modelos de prevenção de aves. Foram efectuados vários inquéritos em torno de três grandes aeródromos de Carachi (Masroor, Faisal e Jinnah Terminal Airport) para monitorizar o número de espécies e o movimento de aves em torno destes aeródromos.

A primeira informação essencial necessária para qualquer programa de prevenção dos riscos para as aves é um inventário das espécies habitualmente envolvidas em colisões com aves. A forma mais satisfatória de reconhecer as aves problemáticas é através da identificação dos seus restos recuperados do local de impacto após uma colisão e a forma mais eficaz de
reduzir a sua presença no aeroporto ou à sua volta é criar programas qualitativos com o objetivo de combater e reduzir a sua própria presença.

Capítulo 2

REVISÃO DA LITERATURA

Becker (2000) descreveu a utilização da falcoaria no controlo das aves em aeroportos/aeródromos de vários países como uma ferramenta eficaz para reduzir o risco de colisão com aves, uma vez que o método pode afugentar as aves sem qualquer habitação. No entanto, é difícil avaliar os resultados porque a falcoaria tem sido utilizada sobretudo em combinação com outros dispositivos de afugentamento. Discutiu a estratégia operacional, as limitações do sucesso do afugentamento e as despesas. A falcoaria no controlo de aves é um trabalho a tempo inteiro, requer muita experiência e custa muito dinheiro.

Buurma (2003) referiu que a quantificação, qualificação e previsão do movimento de aves a baixa altitude é a principal questão que dificulta a certificação das medidas de prevenção da colisão de aves nos aeroportos da zona de controlo, bem como "em rota". O controlo das aves na própria pista já é bem sucedido em muitos aeroportos. Menos difundidos, e limitados à aviação militar, mas tecnicamente susceptíveis de serem melhorados, são os sistemas de alerta em grande escala que indicam a migração maciça de aves. Uma comparação geográfica da distribuição a baixa altitude dos ataques de aves militares a partir do EURBASE indica um elo em falta, mesmo fora do alcance visual, mas também abaixo da cobertura da maioria dos radares. Este risco é colocado por voos locais de aves até algumas dezenas de quilómetros, especialmente em zonas costeiras e húmidas. Observações visuais e de radar integradas nos Países Baixos mostram que também uma parte significativa dos voos migratórios de longa distância pode ocorrer a baixa altitude, mesmo durante a noite. Os voos locais e migratórios podem acumular-se ao longo de barreiras topográficas ou de linhas de orientação em locais considerados para a construção de aeroportos.

Caccamise e Romanowski (2000) estudaram o facto de os aeroportos e as instalações de gestão de resíduos terem necessidades semelhantes em termos de lugares sentados, o que resulta numa tendência para colocar instalações de resíduos perto de aeroportos. Os materiais putrefactíveis associados a muitos tipos de instalações de resíduos podem atrair um grande número de aves, em especial gaivotas. Dado que há muitos factores que afectam a dimensão das populações de aves atraídas pelas instalações de resíduos, é difícil fazer generalizações sobre a potencial interferência destas instalações nas operações aéreas seguras. É evidente que a maioria das instalações atrai aves, pode influenciar o impacto nas populações de aves locais e deve ser considerada em qualquer avaliação do risco de colisão com aves.

Deacon (2000) referiu que, em meados da década de 1980, após várias tentativas de utilizar pessoal de serviço para esta tarefa, a Royal Air Force iniciou um programa de contratualização das suas aves, tendo demonstrado que um sistema de controlo das aves que combine uma gestão cuidadosa do habitat, mão de obra dedicada suficiente, equipamento adequado e uma gestão eficaz pode produzir uma redução válida e sustentada do risco de colisão de aves, mantendo-se comparativamente pouco dispendioso. As taxas de colisão de aves nos aeródromos são consistentemente mais baixas do que nos aeródromos não militares do Reino Unido, e as colisões de impacto múltiplo e as colisões de aves que causam danos tornaram-se comuns.

Eschenfelder (2000 a) estudou que as colisões de aves são responsáveis por danos que podem atingir cerca de 100 dólares americanos por ano, o que significa que são uma das três maiores ameaças à aviação. A IFALP A (Federação

Internacional das Associações de Pilotos de Linhas Aéreas) elevou o problema das colisões de aves à categoria de segurança mais elevada.

Eschenfelder (2000b) referiu que os pilotos devem avaliar os riscos de colisão de aves da mesma forma que avaliam outras ameaças à aviação, por exemplo, actividades de trovoada. Antes e durante a descolagem, a comunicação ativa com o controlo do tráfego aéreo deve incluir informações sobre os riscos iminentes de colisão de aves e sobre as aves em migração. Durante o voo, a redução da velocidade do ar pode contribuir para reduzir os riscos e danos potenciais de colisão com aves. O radar meteorológico pode, em algumas situações, ser utilizado para localizar aves, mas os períodos e trajectórias de migração devem ser conhecidos. As colisões entre aves e aeronaves sem quaisquer danos devem também ser comunicadas e podem contribuir para melhorar os conhecimentos sobre as concentrações de aves.

Hild e Muentze (2000) trabalharam para preparar e avaliar a situação da colisão de aves que se espera após a conclusão do aeroporto.

Kelly *et al.* (2000) elaboraram um relatório sobre os acontecimentos e processos que invertem localmente a política de longo prazo de um aeroporto. Estes acontecimentos são causados por perturbações ecológicas naturais e artificiais. O efeito global pode ter um impacto negativo significativo no controlo do risco para as aves. Os desenvolvimentos infra-estruturais são provavelmente a principal causa de perturbação e são sugeridas medidas práticas para minimizar os efeitos adversos.

Ruhe (2000) apresentou uma panorâmica das actividades das forças alemãs no que respeita à prevenção de ataques de aves em operações de baixo nível. O novo sistema desenvolvido de observação da migração de aves por radar, em combinação com um sistema informatizado de mensagens e avisos aprovado, será futuramente integrado num sistema especializado.

Speelman (2000) referiu que, em média, num ano, cerca de 3000 colisões de aves causam danos de 50 a 80 milhões de dólares americanos às aeronaves da USAF. Para a frota aeronáutica mundial, estima-se que este problema custe mais de três mil milhões de dólares americanos por ano. São apresentados factores a considerar no estabelecimento de requisitos de resistência à colisão de aves e na validação do cumprimento desses requisitos. São também apresentadas algumas tecnologias emergentes que podem ser utilizadas para reduzir significativamente o número de colisões com aves, especialmente com bandos de aves e com aves individuais de grandes dimensões. Estas tecnologias emergentes combinam a aerociência e a biociência, o que facilita a redução da frequência dos ataques de aves.

Weitz (2000) referiu que, durante o ano de 1985 e agosto de 1999, a Força Aérea dos Estados Unidos registou mais de 38 000 colisões com aves, resultando em custos superiores a 500 milhões de dólares americanos.

Alge (2001) discutiu a ameaça crescente para as aeronaves e os motores, representada pelo crescimento registado das populações de gansos na América do Norte. Os dados dos serviços mostram que as colisões de gansos com aeronaves e motores estão a aumentar, especialmente na América do Norte, em consonância com o aumento das populações de gansos residentes estimado pelo USDA. Os gestores aeroportuários, juntamente com as autoridades governamentais, precisam de desenvolver uma estratégia para lidar com este problema das aves de grande dimensão. Os dados mostram que o Canadá e os EUA registaram melhorias significativas no controlo da ameaça das aves nocivas nos aeroportos - exceto no que se refere ao aumento dos ataques de gansos. São necessários controlos eficazes dos riscos para as aves nos aeroportos agora e devem ser mantidos no futuro.

Brown *et al.* (2001) referiram que, durante a década de 1980, o crescimento exponencial das colónias de gaivotas *(Laras atricilla)*, de 15 para cerca de 7600 ninhos em 1990, no Refúgio de Vida Selvagem da Baía de Jamiaica e o aumento correlacionado da taxa de colisões de aves no Aeroporto Internacional John F. Kennedy, situado nas proximidades, conduziram a uma controvérsia entre os gestores da vida selvagem e do aeroporto sobre a eliminação das colónias. Este documento avalia (1) se as colónias aumentaram o nível de risco para o público que voa, (2) se o controlo da população nas colónias reduziria a presença de gaivotas e, subsequentemente, os ataques de aves no aeroporto e (3) se todas as alternativas de gestão do aeroporto foram adequadamente implementadas. Desde 1979, a maior parte (2987, 87%) das 3444 colisões de aves (número de aeronaves atingidas) foram, na realidade, carcaças de aves encontradas perto das pistas (causa de morte desconhecida, mas assumida como colisão de aves por definição). Desde o início de um programa de abate de gaivotas na propriedade do aeroporto, em 1991, foram abatidas mais de 50 000 gaivotas adultas e o número de acidentes comunicados envolvendo gaivotas foi reduzido em relação aos acidentes não comunicados por gaivotas.

Hild (2001) referiu que o sistema IBIS (Bird strike system) da ICAO está equipado com uma base de dados concebida para ser utilizada como centro de recolha de dados para receber quaisquer acidentes com aves que os operadores de aeronaves devam comunicar. Em 1998, foram recebidos 6239 relatórios de 38 países sobre colisões de aves.

Hild e Werner (2001) referiram que o Berlin-Tegel está situado na secção norte da cidade de Berlim, com o sistema de duas pistas 08-26 numa área de 466 ha. As estatísticas de colisões de aves baseadas em dados da Lufthansa revelam uma média a longo prazo de 10 colisões de aves por ano no interior e 5,7 colisões de aves por ano no exterior do aeroporto, o que corresponde a uma taxa de cerca de 2,0/10 000 e 1,09/1 0 000 movimentos. No solo geralmente pobre do aeroporto desenvolveram-se vários tipos de gramíneas pobres. Nos terrenos do aeroporto encontram-se 64 espécies de aves, com predominância de pequenas aves (andorinhões comuns, gaivotas-de-cabeça-preta, rapinas e corvos), gaivotas, corvos de capuz e rapinas, que utilizam as imediações como locais de repouso e reprodução e podem afetar a segurança de voo.

MacKinnon (2001) observou que o ganso-canadiano é um sinal poderoso da mudança de estação, tornando-se rapidamente uma questão importante no controlo da vida selvagem nos aeroportos. O problema crescente do ganso-do-canadá e de outras aves aquáticas migratórias exige implicações para o controlo da fauna selvagem através da gestão do habitat e da dispersão.

Morgenroth (2001a) estudou que o programa de levantamento e análise avifaunística "Bird-Control" foi desenvolvido para além da aplicação confortável necessária para o levantamento utilizando o método point-stop e para a análise da avifauna em torno do aeroporto em causa.

Morgenroth (2001b) referiu que, na zona circundante do aeroporto de Munique, estão a ser feitas numerosas escavações em gravilha abaixo do nível freático, de diferentes extensões, que, consoante a estação do ano, a extensão do local, a qualidade da água e as condições ambientais, são frequentadas por um número variável de aves aquáticas.

Morgenroth e Pfleging (2001) discutiram o método de gestão convencional das pastagens. Até agora praticado por agricultores locais orientados pelo pensamento agrícola, foi substituído por uma política extensiva de pastagens longas, concebida para cumprir os requisitos de segurança de voo e que, ultimamente, tem sido executada por parceiros agrícolas contratados.

Richardson e West (2001) referem a existência de um total de 286 acidentes graves relacionados com aves em aeronaves militares de 32 países, ou seja, acidentes graves em que uma aeronave foi destruída ou em que morreram pessoas. O presente documento apresenta uma lista de 286 "novos" acidentes com colisão de aves nos 32 países em 1950-1999. Os dados dos acidentes foram fornecidos ou corroborados pelos serviços militares de segurança de voo, por especialistas locais em colisão com aves ou por historiadores da aviação. Destes 286 acidentes graves relacionados com aves, pelo menos 63 foram fatais, com um mínimo de 141 mortes. A década de 1990 foi a mais dispendiosa, com pelo menos 68 mortes relacionadas com aves.

Robinson (2001) sugeriu a necessidade de manter um "programa adequado de seguro de responsabilidade civil para aeroportos e controlo do tráfego aéreo". Inclui uma referência a perdas conhecidas causadas por colisões com aves e uma análise que sugere que, num mundo cada vez mais litigioso, as medidas de dispersão das aves devem ser mantidas de forma vigilante.

Ruhe (2001a) discutiu a gestão e a conceção com vista a reduzir o potencial de colisão com aves nas imediações dos aeroportos.

Ruhe (2001b) referiu que as forças alemãs registaram 418 ataques de aves, com uma taxa de 17,4 por cada 10 000 horas de voo, dos quais 64 causaram danos em aviões, em 1999, ao passo que em 2000 foram registados apenas 371 ataques de aves, com uma taxa de 16,2 por cada 10 000 horas de voo, com 54 casos de danos.

Thorpe (2001) referiu que foram analisadas as colisões de aves registadas durante os anos de 1990 a 1994 em todo o mundo com os motores de aeronaves de turbina registadas no Reino Unido. Foram excluídas as aves com peso inferior a 100 g, tais como os muitos andorinhões, andorinhas e martinídeos registados. Os dados relativos ao movimento das aeronaves foram utilizados para obter taxas de 1462 colisões com aeronaves e 367 colisões com motores, em que 25% dos incidentes afectaram o motor, juntamente com taxas de danos. O termo "danificado" só foi utilizado nos casos em que foi necessário proceder à reparação ou substituição. Os resultados mostram que os motores montados são raros. A taxa de impacto do motor não parece estar correlacionada com a área percorrida pelo motor. Há algumas provas de que os motores mais ruidosos têm taxas de batida mais baixas. A capacidade dos motores em serviço para lidar com as aves apresenta uma variação considerável.

Balwin (2002) estudou o facto de os prados, enquanto biótopo no interior das terras cultivadas, terem sofrido uma deterioração substancial da sua qualidade. A fertilização abundante e o corte frequente fazem desaparecer as flores, o que implica necessariamente o empobrecimento da avifauna dos prados. As espécies de aves que dependem dos prados para se reproduzirem enfrentam há décadas tempos difíceis.

Becker (2002) referiu que as massas de insectos em suspensão no ar podem constituir um risco direto para a segurança do voo, por exemplo, devido à diminuição da visibilidade, mas também atraem um grande número de aves que capturam insectos, como as andorinhas e os andorinhões, o que aumenta o risco de colisão com aves - as massas temporárias de insectos em suspensão no ar e de aves podem ser detectadas mais facilmente por radar.

Carter (2002) referiu que os aeroportos atraem um grande número de aves e veados principalmente porque oferecem imensas extensões de habitats de forrageamento e nidificação livres da ameaça de predação. Os Border Collies podem servir como um meio eficaz de controlo da vida selvagem nestes ambientes, introduzindo um predador no ecossistema. Os Border Collies são também criados para não prejudicarem a vida selvagem, incluindo as aves, pelo que podem ser empregues na dispersão de espécies protegidas ou ameaçadas de aves ou mamíferos. Um único border collie e um tratador podem facilmente manter uma área de aproximadamente 3 quilómetros quadrados livre de aves e animais selvagens de grande porte.

Ebert (2002) referiu que o aeroporto internacional da capital Lima, na América do Sul, está situado diretamente adjacente à cidade e encontra-se ao longo do deserto costeiro. Devido à escassa vegetação do deserto, as aves podem ser encontradas principalmente ao longo dos rios e perto de povoações humanas, devido à abundante deposição de lixo. Os dados científicos sobre as populações de aves e as suas colisões são praticamente inexistentes. O fenómeno climático "El Nino" altera significativamente a ocorrência de aves. Os problemas de colisão de aves estão intimamente ligados às estruturas sociais e às condições de higiene

Fehr (2002) referiu que o aeroporto de Luebeck-Blankensee está situado a sul, num ambiente com abundância de massas de água. A avifauna do aeroporto é mais ou menos influenciada pela sua envolvente, ou seja, existe uma grande variedade de espécies de aves com a sua igualmente grande variedade de exigências ecológicas. Os corvos-marinhos, os gansos, os patos, os abibes, os estorninhos, os peneireiros e os abutres são particularmente preocupantes em termos de colisão de aves e de segurança dos voos. O ambiente do aeroporto é marcado por uma grande variedade de habitats. Enquanto o grande número de reservas naturais, com as suas diferentes condições naturais, constitui um atrativo para as aves, a lixeira a oeste do aeroporto é uma fonte de riscos de colisão de aves. Uma vez que não estão disponíveis observações de radar da migração das aves nesta região, pode presumir-se que uma grande população de aves marinhas constitui um risco potencial para a segurança nocturna.

Jackson e Allan (2002) referiram que as propostas de planeamento do Ministério da Defesa do Reino Unido, num raio de 13 quilómetros dos aeródromos, para o melhoramento da vida selvagem ou outras caraterísticas, como aterros, que podem aumentar o risco de colisão com aves, podem muitas vezes ser resolvidas numa fase inicial através de alterações do projeto e do desenvolvimento de planos de gestão que controlem as espécies perigosas.

Riechholf (2002) referiu que a maior parte das espécies de aves aquáticas relevantes para o ataque de aves diminuiu de forma mais ou menos acentuada durante a década de 1990 a 2000 na zona do aeroporto de Munique. O facto de só se abaterem os gansos na zona urbana de Munique pode ter aumentado a distância dos voos locais até à zona do aeroporto.

Ruhe (2002) estudou que a monitorização da migração das aves para efeitos de avisos de colisão de aves a baixa altitude (BIRDT AM) exige uma rede de observação por radar à escala da área. Para além dos sistemas de radar de controlo do tráfego aéreo e de defesa aérea da banda S (comprimento de onda de cerca de 10 cm), foi recentemente implementada na maioria dos países europeus uma nova rede de sistemas de radar meteorológico da banda C (comprimento de onda de cerca de 5 cm), que fornece varrimentos tridimensionais contínuos da atmosfera. Entre a variedade de produtos operacionalmente disponíveis, há alguns que, para além da desordem meteorológica, contêm também informações sobre a atividade das aves. No entanto, a dificuldade reside no facto de ter de ser feita uma análise complexa da informação meteorológica, a fim de distinguir e classificar os ecos meteorológicos, as interferências no solo, as interferências de propagação anómala e os ecos de aves.

[th]Weitz (2002) referiu que, devido à proteção total concedida à garça-real a partir do século XIX, esta espécie de ave está agora de novo amplamente distribuída pela Alemanha, no ano anterior à sua forte perseguição. A população reprodutora aumentou desde essa altura e continua a aumentar em algumas zonas. As alterações na fonologia, no comportamento e a exploração bem sucedida de novas fontes de alimentação influenciaram positivamente as estratégias de sobrevivência da garça-real. Por conseguinte, o perigo de colisões entre aeronaves e garças-reais está a aumentar.

Brostel e Haemker (2003) referiram que o número de aves predadoras não está tanto relacionado com a densidade populacional dos pequenos mamíferos, mas sim com a sua disponibilidade. Esta última, por sua vez, depende das caraterísticas da vegetação. Não é possível para as aves capturar ratos em vegetação alta e densa. Para a gestão da erva longa em solos pantanosos, são feitas as seguintes recomendações para reduzir a disponibilidade de ratazanas comuns para a predação das aves. A vegetação alta e um relvado espesso são eficazes para repelir as aves. As áreas nas proximidades das pistas de aterragem devem ser objeto de cuidados especiais, uma vez que as aves de rapina são particularmente perigosas neste caso. A vantagem da relva longa perde-se se a vegetação for heterogénea e rala. Por conseguinte, é aconselhável fertilizar ou semear de novo estas zonas problemáticas para obter uma vegetação densa. As zonas em que as aves são particularmente perigosas nunca devem ser as únicas zonas recém-cortadas no aeroporto.

Buurma (2003) afirma que as aves, tal como outros seres vivos, sobrevivem através da adaptação e da especialização. Em comparação com outros animais de tamanho corporal semelhante, relativamente muitas aves estão adaptadas de forma oportunista a ecossistemas altamente dinâmicos. As aves são particularmente visíveis em "zonas húmidas", como rios, pântanos e zonas costeiras. As influências humanas nas populações de aves nestes habitats de "planície" são negativas para as espécies altamente especializadas, mas podem, por outro lado, ser muito positivas para os tipos adaptáveis, levando a um rápido aumento. Este facto pode entrar em conflito com os interesses de segurança de outras "aves" de aviões em zonas rurais planas. Devido à planura e aos preços relativamente baixos do solo, as zonas húmidas não cultivadas são muitas vezes selecionadas para a construção de aeroportos, o que já provocou o seu desaparecimento no mundo ocidental. Como as aves são extremamente populares, um número elevado de aves é considerado um sinal de sucesso. Por conseguinte, torna-se agora imperativo reunir a aviação e a conservação da natureza nos procedimentos de planeamento espacial, a bem da segurança dos voos.

Lehmukuhl (2003) estudou a suscetibilidade das aeronaves aos danos causados por colisões de aves, ilustrada por vários exemplos de acidentes graves e pela estrutura de custos dos danos causados por colisões de aves.

Henning (2003) referiu que, no ano 2000, a ocorrência da Cotovia *(Alauda arvensis)* no Aeroporto de Frankfurt foi analisada através do método de mapeamento do território. Foi estabelecida uma densidade de territórios de R.S. por 10 hectares para o sistema de pistas paralelas, em comparação com a média alemã para os prados interiores, estes valores são excecionalmente elevados.

Hild (2003) referiu que, no seu sistema de informação sobre colisões de aves (IBIS). A ICAO mantém uma base de dados de acidentes com aves, à qual os proprietários de aeronaves devem comunicar todos os acidentes com aves. Infelizmente, como estes relatórios são frequentemente apresentados com atrasos consideráveis, as estatísticas internacionais também registam atrasos. No ano 2000, foram apresentados 8458 relatórios de colisões de aves em 122 Estados por 30 países.

Capítulo 3

MATERIAIS E MÉTODOS

Durante o presente estudo, foram efectuados vários inquéritos a alguns aeródromos específicos de Carachi. A latitude geográfica de Carachi é 24° 48' N, enquanto a longitude geográfica é 66° 59' E e a altitude de Carachi é 4 m. Os aeródromos selecionados para o estudo incluíram Masroor, Faisal e o aeroporto terminal de Jinnah. Masroor situa-se perto de Maripoor, em Carachi, onde existe um grande número de aves e é muito afetado pelo problema da colisão de aves. Os limites de Masroor estão ligados à cidade de Baldia, Manghoopeer e ao campo de Mahajer. Os dois principais portões que se abrem para o exterior são o portão Shershah e o portão Shumali. Masroor foi baptizada com o nome do primeiro comandante da base, Masroor Khan, que perdeu a vida devido a um ataque de uma ave ao seu avião. A base de Faisal está situada ao lado de Shahrah-e-Faisal Karachi. O terminal Jinnah situa-se perto do distrito de Malir. Foram adoptadas diferentes técnicas de recenseamento para contar o número de aves e os seus comportamentos foram observados regularmente.

Técnicas de recenseamento

Os métodos de contagem de aves utilizados nas imediações dos aeródromos incluem as "contagens totais" e as "estimativas por amostragem". Na primeira categoria, incluíam-se estudos preliminares de avaliação da dimensão da população de aves ameaçadas de extinção. Na segunda categoria, os estudos de estimativa da densidade, bem como os índices derivados dos chamamentos e dos encontros visuais por unidade de esforço.

I) Contagens totais

As contagens totais incluíram contagens de garças e cartografia do território. A contagem de aves como garças, garças e cegonhas foi efectuada através do método de contagem de garças. O tempo de contagem foi mantido constante durante a contagem de garças porque a população total de aves adultas flutua ao longo do dia. Isto deve-se aos seus voos locais de procura de alimento ou de recolha de material de nidificação. O método de contagem de garças inclui a estimativa do tamanho total da população (contagem de poleiros), bem como o número de ninhos.

II) Estimativa da amostragem

Este método inclui a contagem das aves à medida que são encontradas. Este método depende da taxa de encontros (avistamentos por quilómetro) e do índice de chamamentos. População estimada através do método de contagem de chamadas, utilizando a metodologia padrão.

Neste método, foi também adoptada a contagem de poleiros, em que se conta o número total de aves que chegam ao poleiro. Este método é considerado muito mais exato do que o método da taxa de encontro.

Foi utilizado um binóculo com uma potência de 999980 XS para observar as aves a alguma distância ou no alto do céu.

As condições climáticas, tais como a temperatura, a taxa de precipitação e a direção do vento, foram monitorizadas regularmente (quadros 1, 2 e 3, respetivamente). A direção do vento também foi observada regularmente (quadro 4).

Foram também recolhidas muitas amostras de plantas nesses aeródromos e nas zonas circundantes para identificação das espécies e preservação. Foram enviadas ao botânico para posterior identificação (quadro 5).

Preservação de amostras de plantas

Um grupo particular de plantas especialmente tratado para conseguir uma boa secagem e durabilidade. Os cactos e as suculentas devem perder a sua elevada percentagem de água antes de serem postos a secar. Para isso, foram colocados debaixo de folhas de papel mata-borrão, sobre as quais passou rapidamente um ferro quente. Antes do tratamento com o ferro, o amolecimento dos cactos foi auxiliado pela imersão em água a ferver durante meio minuto. A água a ferver foi também substituída por ácido acético diluído ou álcool forte (20 minutos) ou formalina (1,5 partes de formalina, uma parte de água) em muitas amostras de plantas As urzes perdem geralmente as folhas durante a dessecação; para evitar que isso aconteça, utilizou-se o papel quente, acrescentando algumas passagens com um ferro quente. Antes do processo de secagem, os pequenos ramos e as folhas foram untados com cola universal líquida diluída, como Vinavil (cola utilizada para plástico, madeira, cartão, couro, etc.). Quando os espécimes estavam secos, foram montados numa folha de papel. Com a ajuda da montagem, os espécimes foram cuidadosamente preservados e fixados num papel de montagem forte. Todos os espécimes foram etiquetados na folha, incluindo a denominação taxonómica (família, género e espécie), juntamente com informação sobre a data e o local de recolha

Foi utilizado um meio de transporte pessoal para efetuar os inquéritos nas imediações do aeroporto terminal de Jinnah e um meio de transporte fornecido por oficiais da Força Aérea para efetuar os inquéritos na base da Força Aérea e nas suas imediações.

Foram feitas entrevistas ao pessoal de tiro às aves para obter informações sobre o movimento e o comportamento das aves perto e à volta das pistas. Foram também organizadas muitas experiências para detetar as mudanças de hábitos das aves em função do tempo, do clima e das condições ambientais. Estas experiências incluem a introdução de técnicas para assustar os corvos, a produção de ruídos a partir de muitos dispositivos diferentes, incluindo sons de disparos de pistolas de ar comprimido e de foguetes, bem como a aplicação de muitos repelentes químicos diferentes e, por vezes, de venenos.

Métodos utilizados para evitar/repulsar as aves perto das pistas

(I)Armadilhagem

A armadilhagem é um dos métodos mais antigos utilizados para controlar as aves (Shake, 1968). As aves podem ser apanhadas ao vivo com redes de neblina, armadilhas de gaiola, redes de canhão (Hardman, 1974; Draulans, 1987; Beg, 1990), ou grandes armadilhas de entrada em forma de funil. As armadilhas de vara foram outrora utilizadas em explorações piscícolas e cinegéticas (Randall, 1975). No entanto, as armadilhas de vara não são selectivas para capturar e matar aves. São inúteis como método para salvar a vida das aves e são ilegais em muitos países.

Foram também recolhidas algumas amostras de aves do pessoal de tiro para identificar e avaliar as causas do seu embate com aeronaves.

II) Tiro com munições reais

Algumas aves que eram responsáveis por riscos para as aeronaves em muitos aeroportos e nas suas proximidades foram abatidas. O abate de aves nos aeroportos tem uma eficácia limitada como fator dissuasor a longo prazo. A curto prazo, algumas aves foram retiradas e outras foram afugentadas, mas as aves dispersas depressa regressaram ou foram substituídas por outras aves (Heighway, 1970; Blokpoel, 1976; Harrison, 1986). No entanto, o abate de aves era uma técnica de controlo útil quando utilizada para aumentar a eficácia de outras técnicas de afugentamento, como os pedidos de socorro, a pirotecnia e os modelos (Cooke-Smith, 1965; Mason, 1980; Harrison, 1986).

(III) Tensioactivos e pulverização de água

Os canhões de água e os sistemas de aspersão, que utilizam água ou água com agentes molhantes (tensioactivos), foram utilizados para controlar as aves (Harke, 1968; Lustick, 1976; Gahn *et al.,* 1991). A pulverização de água foi utilizada como método de controlo letal para evitar que as aves se empoleirassem perto das zonas dos aeródromos. Por vezes, foram adicionados tensioactivos para penetrar nas penas. Quando as penas são molhadas, a temperatura do corpo das aves desce e, se o tempo estiver frio, podem morrer. Spear (1966) sugeriu que um sistema de aspersão ou de pulverização de água é útil como método para manter as aves afastadas das pistas.

IV) Técnicas de espantalho

Foram também utilizados diferentes dispositivos para afugentar as aves dos aeródromos, como modelos colocados perto das pistas, canhões de gás do tipo sistema repelente de aves, foguetes e dispositivos assustadores letais ou não letais para repelir as aves das pistas. Foram também utilizadas técnicas bioacústicas de afugentamento das aves, incluindo os apelos de alarme e de socorro, utilizando altifalantes de 30 a 40 watts.

São recolhidos dados sobre o habitat dos aeródromos e os recursos alimentares disponíveis para as aves (Quadro 6). Foram identificados os seus locais de reprodução e de nidificação. Foram também praticadas diferentes técnicas repelentes e métodos de dissuasão nos aeródromos e nas suas imediações (quadro 7).

Foram também recolhidos alguns restos disponíveis de aves atingidas para identificar as suas espécies e investigar a natureza do ataque.

Identificação de restos de aves

Dado que a amostra recebida para a identificação da ave após a colisão entre a ave e o avião era extremamente pequena e estava muito mutilada, a limpeza e a preparação das amostras para a identificação e o exame microscópico foram efectuadas através de várias técnicas de limpeza e preparação da amostra de penas. Para remover impurezas orgânicas, sangue, etc., as amostras foram tratadas com vários graus de álcool. Utilizou-se a técnica de lavagem das amostras de penas com Triton-X-IOO, depois tratadas com graus sucessivos de álcool e, por fim, procedeu-se à secagem ao ar após tratamento com acetona fresca e seca. Um conjunto de amostras, após tratamento com graus sucessivos de álcool, foi imerso em HMDS (Hexa Methhyl Di Salazan).

Foram efectuadas três mudanças de HMDS durante meia hora cada e, finalmente, o HMDS foi deixado a secar ao ar até que o odor caraterístico do HMDS desaparecesse. As amostras tratadas com HMDS foram montadas juntamente com as amostras limpas com álcool e examinadas para comparação.

Foram também observados atractivos para aves dentro e em redor dos aeródromos para detetar as razões da sua presença nessas áreas. Foi feita a monitorização do movimento das aves nas pistas durante a descolagem e a aterragem dos aviões.

Frequência e períodos diurnos

As áreas de estudo foram visitadas em muitos horários diferentes, principalmente de manhã cedo e à noite. Registou-se que um grande número de aves sai para se alimentar e deambular de manhã cedo e ao fim da tarde.

Capítulo 4

RESULTADOS E DISCUSSÃO

Karachi é um tipo de terra com vários tipos de vegetação principal que são dominantes para proporcionar o melhor habitat de empoleiramento para muitas espécies de aves. Os presentes estudos incidiram sobre o efeito das condições climáticas no comportamento de empoleiramento das aves, incluindo a temperatura ambiente, a humidade, a taxa de precipitação e a direção do vento. Foram também observadas a flora e a fauna de aves de três grandes aeródromos, nomeadamente a Base Aérea de Masroor, a Base Aérea de Faisal e o Aeroporto Terminal de Jinnah, em Carachi. A temperatura média máxima registou 30,4 (2008) e 35,2 (2009). A temperatura mínima média registou 21,2 (2008) e 35,5 (2009), os dados são apresentados no Quadro 1.

Quadro 1. Temperatura média máxima e mínima de Carachi para os anos 2008-2009.

ANO	JAN	FEB	MAR	APR	MAIO	JUN	JUL	AUG	SEP	PTU	NOV	DEC	MEIO
TEMPERATURA MÁXIMA MENSAL MÉDIA (TEMPERATURA MÁXIMA DIÁRIA MÉDIA (CALSIUS)													
2008	25.0	26.1	29.4	32.2	33.9	33.9	32.8	31.1	31.1	32.8	30.6	26.7	30.4
2009	31.7	33.9	25.1	33.9	37.8	45.6	43.3	37.2	30.1	34.2	37.8	32.8	35.2
TEMPERATURA MÍNIMA MENSAL MÉDIA (TEMPERATURA MÍNIMA DIÁRIA MÉDIA (CALSIUS)													
2008	12.8	14.4	19.4	22.8	26.1	27.8	27.2	26.1	25.0	22.2	17.8	13.9	21.2
2009	14.4	16.1	18.3	13.9	18.3	20.0	22.8	22.8	20.6	13.9	18.9	11.9	1.6

A precipitação média anual máxima registou 149,8 (2008) e 112,6 (2009). A precipitação mínima média registada foi de 18,2 (2008) e 17,5 (2009), conforme indicado na Tabela 2.

Quadro 2. Taxa média de precipitação máxima e mínima em Karachi para os anos 2008-2009.

ANO	JAN	FEB	MARC	APR	MAIO	JUN	JUL	AUG	SEP	PTU	NOV	DEC	ANUAL
PRECIPITAÇÃO MÁXIMA MENSAL MÉDIA (PRECIPITAÇÃO MÁXIMA DIÁRIA MÉDIA (mm)													
2008	69	51	56	131	60	183	392	428	252	69	41	66	149.8
2009	56	45	59	97	43	95	268	364	185	43	38	59	112.6
PRECIPITAÇÃO MÍNIMA MENSAL MÉDIA (PRECIPITAÇÃO MÁXIMA DIÁRIA MÉDIA (mm)													
2008	13	16	12	18	21	18	14	17	23	18	26	23	18.2
2009	18	12	26	24	17	13	11	14	19	17	21	19	17.5

Os dados relativos médios registados 69,2 (2008) e 68,9 (2009) são apresentados em Quadro 3.

Tabela 3. A humidade relativa média em Karachi para os anos 2008-2009.

ANO	JAN	FEB	MARC	APR	MAIO	JUN	JUL	AUG	SEP	PTU	NOV	DEC	ANUAL
HUMIDADE RELATIVA MÉDIA (%)													
2008	54	61	58	75	78	78	81	82	80	70	59	55	69.2
2009	56	63	59	66	72	82	88	76	79	67	62	57	68.9

A direção do vento foi observada e registada no ano de 2008 e os dados de 2009 são apresentados no Quadro 4.

Quadro 4. A direção do vento observada em Carachi no ano 2008-2009.

ANO	JAN	FEB	MARC	APR	MAIO	JUN	JUL	AUG	SEP	PTU	NOV	DEC
2008	NE	SW	W	W	SW	SW	SW	SW	W	SW	SW	SW
2009	SW	SW	W	SW	SW	SW	W	SW	W	SW	W	SW

CHAVE: NE: NORDESTE

SW: SUDOESTE

W: OESTE

Flora

Durante o estudo foram recolhidas mais de 100 amostras e foram registadas e identificadas 45 espécies de plantas dos locais de estudo (Quadro 5).

Tabela 5. Vegetação principal nas proximidades dos aeródromos (Roohi *et al. al,* 2015).

1. *Abutilon* sp.
2. *Acacia modesta*
3. *Acacia nilotica*
4. *Aervjavanica* (Burm.f) Juss
5. *Amaranthus viridis*
6. *Aristida adseensionis.*
7. *Bougainvillia glabra*
8. *Caesalpinia bonduc*
9. *Capparis deciduas*
10. *Chloris barbatus*
11. *Chloris virgata*
12. *Cleoma viscose*
13.*Cocculupendulus*
14. *Commicarpus boissieri*
15.*Convolvulus pluricaulis*
16.*Conyza canadensis*
17. *Crotolaria burhia.*
18. *Cyperus rotundus*
19. *Eclipta prostrata*
20.*Euphorbia caducifolia*
21. *Haloxylonl recurvum*

22. *Heliotropium glameratus*
23. *Heliotropium subulatum*
24. *Indigofera cordifalia*
25. *Lantana camara*
26. *Lasiurus hirsutus.*
27. *Maerua arenaria*
28. *Moria exotica*
29. *Pluchea barbatus*
30. *Prosopis juliflora*
31. *Pupalia lappacea*
32. *Ruellia longifolia*
33. *Saccharum munja.*
34. *Salsola imbreata*
35. *Samania samon*
36. *Schweinfurthia papilionacea*
37. *Setaria verticillata.*
38. *Sida indica*
39. *Sporobolus arabicus*
40. *Suaeda fruticosa.*
41. *Tamarix dioica*
42. *Tribulus terrestris*
43. Vinca rosea
44. *Zizyphus mauritiana*

As aves seguintes foram identificadas com base na informação disponível a partir de restos de colisões de aves e de observações visuais do movimento de aves em alguns aeródromos específicos. As aves foram agrupadas em três categorias funcionais, nomeadamente: I. Aves planadoras, II. Aves não planadoras e III. Aves terrestres.

I. Aves planadoras

O método de voo caraterístico destas aves consiste em deslocar-se nas correntes de ar ascendentes. As bolhas térmicas que se formam sobre a superfície do solo aquecida pelo sol provocam a maior parte das correntes de ar ascendentes na planície, enquanto as encostas das colinas fornecem correntes de ar ascendentes adicionais no terreno montanhoso. As aves planadoras são altamente especializadas no voo planado e só passam a voar com asas quando as correntes ascendentes são demasiado fracas ou para fins específicos. Os pilotos encontram normalmente estas aves a partir de altitudes baixas até cerca de 1,5 km ou mais, mas algumas espécies também descem e instalam-se nas pistas dos campos de aviação.

A descrição e a identificação das espécies de algumas aves planadoras que estavam presentes nos aeródromos selecionados ou nas suas imediações são as seguintes

***Neophron percnopterus* (necrófago ou abutre do Egito)**

O abutre-do-egito (Neophron percnopterus) é um pequeno abutre do Velho Mundo, o único membro do género Neophron. Os abutres-do-egito são necrófagos, alimentando-se principalmente de carniça, mas também de pequenos mamíferos e ovos. Alimenta-se de tecidos moles de carcaças e também de pedaços de carne de curtumes e matadouros primitivos, bem como de lixeiras urbanas, incluindo excrementos humanos. Para além de voar nas térmicas juntamente com abutres maiores e outras aves de rapina, o abutre necrófago também desce ocasionalmente aos aeródromos para apanhar insectos mortos ou pequenos animais.

***Milvus migrants* (Milhafre preto ou Milhafre pária)**

O milhafre-preto (Milvus migrans) é uma ave de rapina. Alimenta-se de peixe, lixo doméstico e carniça como alimento. É uma espécie muito comum na Eurásia. A maior parte da população de milhafre-preto reside nas zonas urbanas. É uma ave planadora e encontra-se maioritariamente em condições de voo nas ondas térmicas sobre áreas urbanas densamente povoadas. Mergulham no ar para capturar as orelhas das estradas, o que muitas vezes leva à colisão com veículos. Devido à sua grande população e ao seu grande tamanho, representa uma séria ameaça para as aeronaves.

O milhafre-preto faz o seu ninho em árvores da floresta, muitas vezes perto de outros milhafres. No inverno, muitos papagaios empoleiram-se juntos. O milhafre pária é facilmente identificado pela sua cauda bifurcada e plumagem castanha escura. Alimenta-se de restos de cozinha, bem como de restos de comida nas lixeiras, nos curtumes primitivos e nos talhos, para além de apanhar insectos e ratos mortos. Esta ave é regularmente atraída em grande número para os caixotes do lixo descobertos nos aeródromos. Para além de voar nas térmicas em altitudes elevadas, também voa muito baixo utilizando quaisquer outras correntes de ar disponíveis, e também se instala frequentemente nas pistas. Assim, em muitos aeródromos paquistaneses, o papagaio pária constitui um problema para os aviões, desde o nível do solo até às altitudes mais elevadas, durante a maior parte do dia.

***Butastur teesa* (águia-de-bico-branco)**

É um falcão de tamanho médio que se encontra no Sul da Ásia. A águia-perdigueira de olhos brancos assemelha-se a um milhafre-pária no seu aspeto geral, mas distingue-se por

tamanho mais pequeno e uma cauda mais curta sem forquilha. A garganta branca proeminente, dividida ao meio por uma risca preta, e os olhos brancos brilhantes são caraterísticas notáveis. Normalmente senta-se verticalmente em postes e árvores, e faz voos curtos ocasionais mostrando os seus ombros pálidos. Durante a época de reprodução, é frequente os casais voarem alto no céu. Alimenta-se de insectos e de pequenos mamíferos.

***Pernis ptilorhynchus* (abutre-de-mel-de-crista)**

De pescoço comprido e cabeça pequena, voa com asas planas. Tem uma cauda longa e uma crista curta na cabeça. É castanho por cima e mais pálido por baixo. Apresenta uma risca escura na garganta.

É uma ave de rapina de grande porte, um pouco mais pesada do que o papagaio pária e que se distingue em voo pelas suas asas extra largas e pelas duas riscas nitidamente negras em cada uma das asas inferiores. Esta ave alimenta-se de mel e de colmeias de abelhas sem que as abelhas lhe façam mal. Não é uma ave gregária e normalmente não se encontram mais de duas ou três num aeródromo. Mas os seus frequentes voos rasantes sobre os aeródromos tornam-na um perigo para os aviões em alturas estranhas.

***Gyps bengalensis* (abutre-de-cabeça-branca)**

A cabeça careca, as asas largas e a cauda curta são as caraterísticas que identificam esta ave. A coloração do pescoço é esbranquiçada. Os adultos têm o dorso e a garupa esbranquiçados, enquanto os juvenis são de tons mais escuros. É uma ave social, maioritariamente presente em bandos. Devido ao seu hábito necrófago, depende maioritariamente de organismos mortos e das suas carcaças.

II. Aves aéreas não planadoras

As aves incluídas neste grupo não dependem das térmicas ou das correntes de ar para se deslocarem no ar, mas efectuam normalmente um voo motorizado, batendo as asas. Consequentemente, estas aves podem ser vistas a sobrevoar os aeródromos durante o dia e, se forem nocturnas, à noite. As aves não planadoras permanecem geralmente em altitudes mais baixas, exceto para voos de longa distância, em especial durante a migração.

***Corvus splendens* (Corvo doméstico)**

É uma ave altamente social, vivendo em colónias. A testa, a coroa, a garganta e a parte superior do peito são de coloração negra; as partes inferiores são de cor cinzenta a branca. As asas, a cauda e as patas são pretas.

***Corvus macrorhynctuis* (Corvo da selva)**

O corvo da selva é todo preto, tem um bico mais robusto e é também ligeiramente maior do que o corvo doméstico. Empoleiram-se frequentemente nos aeródromos quando existem árvores adequadas. Os corvos são um problema em certos aeródromos, especialmente durante uma hora ao pôr do sol e ao nascer do sol, quando atravessam as pistas em bandos soltos, voando em direção ou para longe dos seus poleiros ou dormitórios.

São regularmente atraídos para os aeródromos quando os insectos são expelidos durante as operações de desbaste da erva e para o lixo descoberto. Os corvos também descem às pistas em grande número durante a monção para apanhar insectos.

***Egretta gularis* (Garça-real-ocidental)**

É uma ave costeira de hábitos coloniais. Forma colónias com muitas outras aves pernaltas. A ninhada é de dois ou três ovos. Utiliza as patas para recolher o seu alimento em águas pouco profundas. Os peixes, os crustáceos e os moluscos constituem a maior parte da sua alimentação.

***Psittacula krameri* (periquito-da-rosa)**

Os periquitos-de-anéis-rosa são aves muito sociais, mantidas principalmente como animais de estimação. São sexualmente dimórficos. As marcas pretas escuras sob o bico estão presentes nos machos e uma faixa de cores escuras à volta do pescoço é a principal caraterística de identificação. Tal como os corvos, esta espécie também se tornou um perigo potencial em certos aeródromos ao nascer e ao pôr do sol, quando voam em direção aos seus poleiros ou deles se afastam em grande número.

***Acridotheres tristis* (Myna comum)**

O corpo castanho escuro com grandes asas brancas são as caraterísticas que identificam esta ave. A cabeça é cinzento-escura, a pele à volta dos olhos é nua e as patas são amarelas e o dimorfismo sexual não é claro. É omnívora e depende sobretudo dos insectos para se alimentar.

Esta ave e outras aves aparentadas, incluindo o myna de banco, o myna de pied e alguns outros estorninhos, juntam-se aos milhares na vegetação alta dentro ou perto de certos aeródromos para se empoleirarem e colocam problemas às aeronaves ao nascer e ao pôr do sol. Também voam em pequenos bandos sobre a pista quase todo o dia. Apesar de pequenos, as minas e os estorninhos podem ser muito perigosos quando voam em bandos.

***Columba livia* (pombo-azul)**

Esta ave ocorre sobretudo como uma ave selvagem que nidifica regularmente nos aeródromos em edifícios e voa frequentemente em pequenos bandos densos sobre as pistas ao longo do dia. Embora a forma pura seja cinzento-azulada, gerações de domesticação e reprodução selectiva produziram todo o tipo de variações de plumagem, incluindo as variedades branca, castanha e mosqueada. Para além dos pombos selvagens, os pombos mantidos pelos columbófilos perto dos aeródromos também constituem um perigo potencial para os aviões, uma vez que muitas vezes invadem as trajectórias de aproximação e subida das aeronaves.

***Bubulcus ibis* (Garça-boieira)**

O bico curto e grosso e o dorso lustroso são as principais caraterísticas de identificação.

É uma ave colonial que vive sobretudo em massas de água, juntamente com outras aves pernaltas. O tamanho da ninhada é de 1 a 5 ovos. É designada por garça-boieira devido à sua disponibilidade perto de explorações pecuárias, principalmente em condições de montaria em gado. Alimenta-se principalmente de insectos e das suas larvas. As aves reprodutoras adquirem belas penas castanhas douradas na cabeça, no pescoço e no dorso. As garças visitam os aeródromos, por vezes em grande número, para se alimentarem de insectos que se desprendem durante as operações de desbaste das ervas. Estas aves também se alimentam de larvas nas lixeiras das cidades e nos curtumes primitivos. As garças-boieiras andam muitas vezes em bandos e podem constituir um problema para os aviões durante a descolagem e a aterragem.

Haliastur indus **(Milhafre-real)**

A plumagem castanha, a cabeça e o peito brancos e as pontas das asas pretas são as caraterísticas que identificam esta ave. É uma ave necrófaga.

Passer domesticus **(Pardal doméstico)**

As partes inferiores não estriadas e as estrias negras no dorso são os principais caracteres de identificação. O bico é grande e amarelado nos machos e cinzento nas fêmeas.

O pardal doméstico, embora de tamanho muito pequeno, desloca-se frequentemente em bandos, pelo que pode causar alguns danos aos motores a jato. Sendo omnívoro, o pardal é facilmente atraído em grandes bandos para aeródromos onde abundam insectos ou sementes de erva, podendo também entrar no aeródromo para se empoleirar em árvores adequadas.

Apus affinis **(Andorinhão-das-chaminés)**

São pretos, com exceção de uma garupa branca, que se estende até aos flancos. Têm uma cauda curta e quadrada. O andorinhão-das-chaminés é mais pequeno do que o pardal, mas ocorre normalmente em bandos e pode ter alguma importância quando muitos são ingeridos em conjunto pelos motores a jato. Nidifica e empoleira-se em grande número debaixo de cúpulas de telhados, arcos, saliências de rocha, etc., e pode ser visto regularmente a sobrevoar alguns aeródromos, apanhando pequenos insectos em voo.

Hirundo daurica **(Andorinha-do-mar-vermelha)**

Dependem de insectos. O tamanho da ninhada é de 3 a 6 ovos. Têm asas largas e nidificam sobretudo em edifícios.

Pterocles orientalis **(Cortiçol-de-barriga-preta)**

É uma ave pequena com corpo compacto. As asas são alongadas. A parte inferior das asas é branca. O ventre é preto.

Streptopelia decaocto **(Pombo de colarinho eurasiático)**

É uma espécie colonial, presente em bandos. Depende de cereais e grãos como material de alimentação.

Bubo bubo **(bufo-real)**

Alimenta-se de roedores e de outros pequenos mamíferos. É a maior espécie de coruja. Os tufos das orelhas são bem visíveis.

Coracias garrulus **(Rolo da Eurásia)**

A sua cor é azulada. Alimenta-se de grandes insectos, lagartos e rãs. A coloração azul brilhante com penas de voo pretas é a principal caraterística de identificação.

Coracias benghalensis **(rolo-da-índia)**

O dorso castanho, o peito e a face lilases e a coroa, as asas, a cauda e o ventre azuis são os principais caracteres de identificação. Trata-se de uma ave comum que depende de lagartos, rãs e insectos como alimento.

***Dendrocopos assimilis* (Pica-pau de Sindh)**

É uma espécie comum que actua como uma praga florestal, fazendo buracos nos troncos e danificando as árvores nas áreas próximas dos aeródromos.

***Delichon urbica* (Casa Martin)**

A coloração azul-aço, a garupa branca e as partes inferiores brancas são os caracteres de identificação. O bico é preto. Alimenta-se de pequenos insectos e larvas.

***Dicrurus macrocercus* (Zarro preto)**

A coloração azul-preta está presente no corpo, enquanto as asas são de cor mais baça. A cauda é longa e profundamente bifurcada, com uma mancha branca à frente dos olhos. Alimenta-se de insectos e pequenos roedores.

***Pycnonotus cafer* (Bulbo-de-vento-vermelho)**

As partes superiores castanhas ou pretas, a garupa branca e o peito castanho ou preto são os principais caracteres de identificação. As partes inferiores são brancas com uma coloração vermelha à volta do respiradouro. Alimenta-se de insectos e das suas larvas. Por vezes, também suga o néctar das flores.

***Larus argentatus* (Gaivota de arenque)**

Encontra-se principalmente perto de lixeiras e, por vezes, perto de zonas costeiras. As partes superiores brancas e as partes inferiores acinzentadas são caraterísticas identificadoras. As aves terrestres passam a maior parte do seu tempo no solo. Viajam sobretudo nas pistas e perturbam os voos durante a aterragem e a descolagem. Estas aves constituem um sério risco para os aviões durante a sua deslocação.

I II. Aves terrestres

Francolinus francolinus **(Perdiz preta)**

A coloração preta com manchas castanho-avermelhadas e manchas brancas no corpo são as principais caraterísticas de identificação. É uma ave cinegética, caçada sobretudo para consumo de carne. Constitui um risco para os aviões durante a rolagem e a aterragem nas pistas.

Alectoris chukar **(Chukar)**

O dorso castanho claro, o peito cinzento e o ventre lustroso são os principais caracteres de identificação. As patas são de coloração avermelhada. Alimenta-se de sementes, grãos e pequenos insectos.

Coturnix coturnix **(Codorniz comum)**

As estrias castanhas com a base branca são as principais caraterísticas que identificam o macho, que tem o queixo preto. Alimenta-se de sementes e insectos no solo. Encontra-se, na maioria das vezes, escondido e camuflado.

Hoplopterus malabaricus **(Abibe de papo amarelo)**

As limícolas castanhas claras, a coroa preta e os barbilhões faciais amarelos são as principais caraterísticas de identificação. As partes inferiores e a cauda são de coloração esbranquiçada. Alimenta-se principalmente de insectos e de pequenos invertebrados.

Tabela 6. Atractores para a vida selvagem em aeródromos.

Sr. No.	Attractants
1.	Agriculture crops
2.	Animal remains/carcass
3.	Aquatic vegetation
4.	Canals
5.	Base waste
6.	Earthworms
7.	Feeding birds and mammals
8.	Fishing from shore
9.	Garbage dumps
10.	Insects
11.	Landscaping
12.	Litter
13.	Low areas
14.	Land fills
15.	Marshes, swamps
16.	Mudflats
17.	Nesting sites crows. Eagles. Vultures, egrets, raptors etc
18.	Oxidation ponds
19.	Pastures, grasslands
20.	Plouging, cultivation, haying, harvesting
21.	Reptiles, amphibians, fish

22.	Reservoirs, lakes, natural ponds
23.	Retention ponds
24.	Roosting vegetation (starling, crows, egrets)
25.	Sand and gravel quarries, borrow pits
26.	Seed producing vegetation
27.	Sewage lagoons
28.	Sewage outfalls
29.	Sewage sludge
30.	Shorelines
31.	Structures (buildings, hangers, lights, towers, signs,
32.	Trees, brush, shrubs
33.	Water ways
34.	Water fountain
35.	Weeds

Tabela 7. Técnicas de controlo de aves na proximidade de aeródromos.

Sr. No.	Bird Control Techniques
1.	Scare Crow Techniques
2.	Chemical repellent sprayed on vegetation
3.	Fencing
4.	Herding
5.	Pyrotechnics
6.	Netting
7.	Control hunting

8.	Nestdestruction
9.	Fumigants/gas cartridges
10.	Kill trapping
11.	Live trapping
12.	Shooting
13.	Tranquilizing
14.	Poison baiting

Tabela 8. Pesticidas utilizados para controlar as aves na proximidade de aeródromos.

Components	Dilution	Form required	Birds affected
1. Poisons			
Sodium flouroacetate (1080)	0.03%	Powder	All
Starlicide	0.01%	Dry grain biat	Starlings
Strychnine alcholoid	0.06%	Dry grain bait	Pigeons and House Sparrows
2. Repellents			
4- Aminopyridine (Avitrol)	0.3%-0.5%	Dry grain bait	Starlings, House Sparrows, Pigeons, Gulls, Doves

3. Chemical control			
Ornitrol	0.1%	Dry bait	Pigeons
Naphthalene	100%	Flakes	Pigeons, House sparrows, Bats and Swallows
5. Paralysing chemicals			
Alphachlorolose	0.6%	Dry powder	Pigeons, crows

Tabela 9. Número de populações de aves registadas nas imediações dos aeródromos de Karachi em janeiro de 2008.

Number and species of birds observed in January 2008									
Scientific Name	Common Name	No. of Birds observed			Total	Family	Total	Order	Total
		Adult		Juv.					
		M	F						
Bubulus ibis	Cattle egret	5	7	1	13	Ardeidae	61	Ciconiformes	83
Egretta gularis	Reef egret	6	2	7	15				
Egretta alba	Large egret	9	6	2	17				
Ardea cinerea	Grey heron	3	9	4	16				
Ciconia ciconia	White stork	2	3	1	6	Ciconidae	22		
Ciconia nigra	Black stork	6	7	3	16				
Pernis ptilorhyncus	Creasted honey buzzard	7	3	2	12	Accipitiridae	208	Accipitriformes	208
Milvus migrans	Black kite	62	31	17	110				
Haliaster Indus	Brahminy kite	37	18	6	61				
Neophron percnopterus	Egyptian vulture	1	1	4	6				
Gyps benagalensis	White backed vulture	0	1	0	1				
Butastur teesa	White eyed	8	7	3	18				

	buzzard								
Alectoris chuka	Chukar	32	16	4	52	Phasianidae	141	Galliformes	141
Francolinus francolinus	Black partridge	18	8	2	28				
Francolinus podicerianus	Indian grey partridge	12	5	2	19				
Coturnix coturnix	Common quail	7	19	16	42				
Pterocles orientalis	Imperial sandgrouse	9	3	3	15	Pterocilididae	27	Pterocilidiformes	27
Pterocles lichtensteinii	Close barred sandgrouse	3	6	3	12				
Columba livia	Rock pigeon	47	31	8	86	Columbidae	185	Columbiformes	185
Streptopelia decaocta	Indian ring dove	31	18	3	52				
Streptopelia orientalis	Oriental turtle dove	29	11	7	47				
Psittacula krameri	Rose ringed parakeed	42	18	5	65	Psitattacidae	65	Psittaciformes	65
Eudynamys scolopacea	Common koel	28	4	3	35	Cuculidae	35	Cuculiformes	35
Tyto alba	Barn owl	4	1	0	5	Tytonnidae	5	Strigformes	6
Bubo bubo	Northern eagle owl	1	0	0	1	Strigidae	1		
Caprimulgus asiticus	Little nightjar	21	7	5	33	Caprinuligidae	33	Caprimulgiformes	33
Coracias benghalensis	Indian roller	6	9	4	19	Coracidae	31	Coarciformes	88
Coracias garrulous	Eurasian roller	3	2	7	12				
Upupa epops	Hooppe	34	19	4	57	Upupidae	57		
Dendrocopos assmilis	Sind woodpecker	7	4	6	17	Picidae	17	Piciformes	17
Hirundo daurica	Red rumped swalkow	3	1	2	6	Hirundinidae	27	Passeriformes	401
Delichon urbica	Common house martin	9	8	4	21				
Pycnonotus leucogrnys	White cheeked bulbul	8	13	2	23	Pycnonotidae	49		

Pycnonotus cafer	Red vented bulbul	14	8	4	26				
Corves splendens	House crow	76	19	18	113	Covidae	130		
Corves macrorhynchos	Jungle crow	8	5	4	17				
Acridotheres tristis	Common myna	18	17	3	38	Sturnidae	38		
Passer domesticus	House sparrow	57	41	19	117	Passeridae	117		
Dicrurus macrocercus	Black drongo/king crow	12	7	3	22	Piruridae	22		
Chloropsis hardwickii	Orange bellied leaf bird	9	4	5	18	Irenidae	18		
Rostratula benghalensus	Painted snipe	19	9	6	34	Rostratulidae	34	Charadiiformes	134
Pluvialis dominica	Eastern golden plover	13	8	4	25	Charadriidae	38		
Hoplopterus malabbaricus	Yellow wattled lapwing	5	3	5	13				
Larus canus	Common gull	19	15	5	39	Laridae	62		
Larus argenttatus	Herring gull	13	3	7	23				
Apus pallidus	Pale brown swift	7	9	3	19	Apodidae	46	Apodiformes	46
Apus affinis	House swift	19	3	5	27				

Tabela 10. Número de populações de aves registadas nas imediações dos aeródromos de Karachi em março de 2008.

Number and species of birds observed in March 2008										
Scientific Name	Common Name	No. of Birds observed			Total	Family	Total	Order	Total
		Adult		Juv.					
		M	F						
Bubulus ibis	Cattle egret	7	3	3	13	Ardeidae	61	Ciconiformes	96
Egretta gularis	Reef egret	6	3	6	15				
Egretta alba	Large egret	8	7	4	19				
Ardea cinerea	Grey heron	4	7	3	14				
Ciconia ciconia	White stork	9	7	5	21	Ciconidae	35		
Ciconia nigra	Black stork	8	4	2	14				
Pernis ptilorhyncus	Creasted honey buzzard	2	8	6	16	Accipitiridae	235	Accipitriformes	235
Milvus migrans	Black kite	56	31	6	93				
Haliaster Indus	Brahminy kite	46	37	5	88				
Neophron percnopterus	Egyptian vulture	1	2	0	3				
Gyps benagalensis	White backed vulture	0	0	0	0				
Butastur teesa	White eyed buzzard	24	5	6	35				
Alectoris chuka	Chukar	34	37	5	76	Phasianidae	228	Galliformes	228
Francolinus francolinus	Black partridge	46	35	6	87				
Francolinus podicerianus	Indian grey partridge	4	8	2	14				
Coturnix coturnix	Common quail	16	28	7	51				
Pterocles orientalis	Imperial sandgrouse	3	12	7	22	Pterocilididae	65	Pterocilidiformes	65
Pterocles lichtensteinii	Close barred sandgrouse	23	14	6	43				
Columba livia	Rock pigeon	67	45	13	125	Columbidae	259	Columbiformes	259
Streptopelia decaocta	Indian ring dove	45	25	7	77				
Streptopelia orientalis	Oriental turtle dove	34	18	5	57				
Psittacula krameri	Rose ringed parakeed	45	23	9	77	Psitattacidae	77	Psittaciformes	77
Eudynamys scolopacea	Common koel	35	18	8	61	Cuculidae	61	Cuculiformes	61
Tyto alba	Barn owl	1	0	0	1	Tytonnidae	1	Strigformes	5
Bubo bubo	Northern eagle owl	2	1	1	4	Strigidae	4		
Caprimulgus asiticus	Little nightjar	3	21	7	31	Caprinuligidae	31	Caprimulgiformes	31
Coracias benghalensis	Indian roller	7	1	1	9	Coracidae	40	Coarciformes	103
Coracias garrulous	Eurasian roller	4	18	9	31				
Upupa epops	Hooppe	19	34	9	62	Upupidae	62		
Dendrocopos assmilis	Sind woodpecker	17	6	12	35	Picidae	35	Piciformes	35
Hirundo daurica	Red rumped swalkow	13	18	4	35	Hirundinidae	62	Passeriformes	494
Delichon urbica	Common house	19	5	3	27				

	martin								
Pycnonotus leucogrnys	White cheeked bulbul	16	4	2	22	Pycnonotidae	64		
Pycnonotus cafer	Red vented bulbul	23	14	5	42				
Corves splendens	House crow	67	35	18	120	Covidae	130		
Corves macrorhynchos	Jungle crow	6	3	1	10				
Acridotheres tristis	Common myna	15	2	6	42	Sturnidae	42		
Passer domesticus	House sparrow	87	36	51	174	Passeridae	174		
Dicrurus macrocercus	Black drongo/king crow	6	3	1	10	Piruridae	10		
Chloropsis hardwickii	Orange bellied leaf bird	8	2	2	12	Irenidae	12		
Rostratula benghalensus	Painted snipe	34	21	14	69	Rostratulidae	9	Charadiiformes	197
Pluvialis dominica	Eastern golden plover	19	3	1	23	Charadriidae	71		
Hoplopterus malabbaricus	Yellow wattled lapwing	19	23	6	48				
Larus canus	Common gull	8	3	2	13	Laridae	57		
Larus argenttatus	Herring gull	24	11	9	44				
Apus pallidus	Pale brown swift	34	21	6	61	Apodidae	83	Apodiformes	83
Apus affinis	House swift	13	7	2	22				

Tabela 11. Número de populações de aves registadas nas imediações dos aeródromos de Carachi em maio de 2008.

Number and species of birds observed in May 2008									
Scientific Name	Common Name	No. of Birds observed			Total	Family	Total	Order	Total
		Adult		Juv.					
		M	F						
Bubulus ibis	Cattle egret	3	2	2	7	Ardeidae	43	Ciconiformes	56
Egretta gularis	Reef egret	1	7	3	11				
Egretta alba	Large egret	5	3	1	9				
Ardea cinerea	Grey heron	4	7	5	16				
Ciconia ciconia	White stork	3	2	2	7	Ciconidae	13		
Ciconia nigra	Black stork	5	1	0	6				
Pernis ptilorhyncus	Creasted honey buzzard	4	7	2	13	Accipitiridae	124	Accipitriformes	124
Milvus migrans	Black kite	32	19	9	60				
Haliaster Indus	Brahminy kite	15	18	7	40				
Neophron percnopterus	Egyptian vulture	2	0	0	2				
Gyps benagalensis	White backed vulture	0	0	0	0				
Butastur teesa	White eyed buzzard	4	2	3	9				
Alectoris chuka	Chukar	9	14	5	28	Phasianidae	104	Galliformes	104
Francolinus francolinus	Black partridge	17	8	4	29				
Francolinus podiceriamus	Indian grey partridge	15	7	5	27				
Coturnix coturnix	Common quail	7	11	2	20				
Pterocles orientalis	Imperial sandgrouse	9	5	2	16	Pterocilididae	27	Pterocilidiformes	27
Pterocles lichtensteinii	Close barred sandgrouse	8	2	1	11				
Columba livia	Rock pigeon	35	17	15	67	Columbidae	129	Columbiformes	129
Streptopelia decaocta	Indian ring dove	18	14	2	34				

Streptopelia orientalis	Oriental turtle dove	15	10	3	28				
Psittacula krameri	Rose ringed parakeed	27	12	5	44	Psitattacidae	44	Psittaciformes	44
Eudynamys scolopacea	Common koel	20	18	4	42	Cuculidae	42	Cuculiformes	42
Tyto alba	Barn owl	2	0	0	2	Tytonnidae	2	Strigformes	3
Bubo bubo	Northern eagle owl	0	1	0	1	Strigidae	1		
Caprimulgus asiticus	Little nightjar	5	3	2	10	Caprinuligidae	10	Caprimulgiformes	10
Coracias benghalensis	Indian roller	17	14	9	40	Coracidae	54	Coarciformes	117
Coracias garrulous	Eurasian roller	4	8	2	14				
Upupa epops	Hooppe	25	21	17	63	Upupidae	63		
Dendrocopos assmilis	Sind woodpecker	4	1	1	6	Picidae	6	Piciformes	6
Hirundo daurica	Red rumped swalkow	8	5	2	15	Hirundinidae	25	Passeriformes	271
Delichon urbica	Common house martin	6	2	2	10				
Pycnonotus leucogrnys	White cheeked bulbul	5	4	2	11	Pycnonotidae	27		
Pycnonotus cafer	Red vented bulbul	9	4	3	16				
Corves splendens	House crow	48	29	15	92	Covidae	98		
Corves macrorhynchos	Jungle crow	4	2	0	6				
Acridotheres tristis	Common myna	31	15	2	48	Sturnidae	48		
Passer domesticus	House sparrow	38	16	1	55	Passeridae	55		
Dicrurus macrocercus	Black drongo	9	1	1	11	Piruridae	11		
Chloropsis hardwickii	Orange bellied leaf bird	5	2	0	7	Irenidae	7		

Rostratula benghalensus	Painted snipe	28	5	3	36	Rostratulidae	36	Charadiiformes	135
Pluvialis dominica	Eastern golden plover	17	2	0	19	Charadriidae	34		
Hoplopterus malabbaricus	Yellow wattled lapwing	8	5	1	15				
Larus canus	Common gull	19	4	2	25	Laridae	65		
Larus argenttatus	Herring gull	15	17	8	40				
Apus pallidus	Pale brown swift	6	1	1	8	Apodidae	23	Apodiformes	23
Apus affinis	House swift	12	2	0	15				

Tabela 12. Número de populações de aves registadas nas imediações dos aeródromos de Karachi em julho de 2008.

Number and species of birds observed in July 2008										
Scientific Name	Common Name	No. of Birds observed			Total	Family	Total	Order	Total
		Adult		Juv.					
		M	F						
Bubulus ibis	Cattle egret	3	1	1	5	Ardeidae	43	Ciconiformes	63
Egretta gularis	Reef egret	2	8	5	15				
Egretta alba	Large egret	7z	1	2	10				
Ardea cinerea	Grey heron	6	2	5	13				
Ciconia ciconia	White stork	9	3	4	16	Ciconidae	20		
Ciconia nigra	Black stork	2	2	0	4				
Pernis ptilorhyncus	Creasted honey buzzard	7	4	1	12	Accipitiridae	177	Accipitriformes	177
Milvus migrans	Black kite	46	52	17	115				
Haliaster Indus	Brahminy kite	21	13	9	43				
Neophron percnopterus	Egyptian vulture	0	0	0	0				
Gyps benagalensis	White backed vulture	0	0	0	0				
Butastur teesa	White eyed buzzard	4	1	2	7				
Alectoris chuka	Chukar	13	11	7	31	Phasianidae	122	Galliformes	122
Francolinus francolinus	Black partridge	17	12	8	37				
Francolinus podicerianus	Indian grey partridge	19	7	11	37				
Coturnix coturnix	Common quail	9	6	2	17				
Pterocles orientalis	Imperial sandgrouse	15	1	0	16	Pterocilididae	17	Pterocilidiformes	17
Pterocles lichtensteinii	Close barred sandgrouse	0	1	0	1				
Columba livia	Rock pigeon	42	19	12	73	Columbidae	143	Columbiformes	143
Streptopelia decaocta	Indian ring dove	21	12	8	41				
Streptopelia	Oriental turtle	16	9	4	29				

orientalis	dove								
Psittacula krameri	Rose ringed parakeed	28	11	5	44	Psitattacidae	44	Psittaciformes	44
Eudynamys scolopacea	Common koel	17	19	3	39	Cuculidae	39	Cuculiformes	39
Tyto alba	Barn owl	1	0	0	1	Tytonnidae	1	Strigformes	3
Bubo bubo	Northern eagle owl	0	2	0	2	Strigidae	2		
Caprimulgus asiticus	Little nightjar	4	2	1	7	Caprinuligidae	7	Caprimulgiformes	7
Coracias benghalensis	Indian roller	12	11	7	30	Coracidae	40	Coarciformes	99
Coracias garrulous	Eurasian roller	3	6	1	10				
Upupa epops	Hooppe	28	20	11	59	Upupidae	59		
Dendrocopos assmilis	Sind woodpecker	5	2	1	8	Picidae	8	Piciformes	8
Hirundo daurica	Red rumped swalkow	7	4	1	12	Hirundinidae	18	Passeriformes	228
Delichon urbica	Common house martin	5	1	0	6				
Pycnonotus leucogrnys	White cheeked bulbul	8	5	2	15	Pycnonotidae	23		
Pycnonotus cafer	Red vented bulbul	7	1	0	8				
Corves splendens	House crow	42	31	17	90	Covidae	97		
Corves macrorhynchos	Jungle crow	5	1	1	7				
Acridotheres tristis	Common myna	17	5	3	25	Sturnidae	25		
Passer domesticus	House sparrow	28	12	1	41	Passeridae	41		
Dicrurus macrocercus	Black drongo	11	3	0	14	Piruridae	14		
Chloropsis hardwickii	Orange bellied leaf bird	7	2	1	10	Irenidae	10		
Rostratula	Painted snipe	12	5	2	19	Rostratulidae	19	Charadiiformes	73

benghalensus									
Pluvialis dominica	Eastern golden plover	13	2	0	15	Charadriidae	23		
Hoplopterus malabbaricus	Yellow wattled lapwing	6	1	1	8				
Larus canus	Common gull	11	8	2	21	Laridae	31		
Larus argenttatus	Herring gull	9	0	1	10				
Apus pallidus	Pale brown swift	21	13	1	35	Apodidae	54	Apodiformes	54
Apus affinis	House swift	16	3	0	19				

Tabela 13. Número de populações de aves registadas nas imediações dos aeródromos de Carachi em setembro de 2008.

Number and species of birds observed in September 2008									
Scientific Name	Common Name	No. of Birds observed			Total	Family	Total	Order	Total
		Adult		Juv.					
		M	F						
Bubulus ibis	Cattle egret	4	2	1	7	Ardeidae	23	Ciconiformes	31
Egretta gularis	Reef egret	3	1	0	4				
Egretta alba	Large egret	2	2	1	5				
Ardea cinerea	Grey heron	5	2	0	7				
Ciconia ciconia	White stork	2	1	0	3	Ciconidae	8		
Ciconia nigra	Black stork	1	2	2	5				
Pernis ptilorhyncus	Creasted honey buzzard	7	4	2	13	Accipitridae	112	Accipitriformes	112
Milvus migrans	Black kite	63	12	7	82				
Haliaster Indus	Brahminy kite	0	0	0	0				
Neophron percnopterus	Egyptian vulture	1	0	0	1				
Gyps benagalensis	White backed vulture	6	1	1	8				
Butastur teesa	White eyed buzzard	5	3	0	8				
Alectoris chuka	Chukar	11	12	5	28	Phasianidae	101	Galliformes	101
Francolinus francolinus	Black partridge	15	9	2	26				
Francolinus podicerianus	Indian grey partridge	13	7	1	21				
Coturnix coturnix	Common quail	11	13	2	26				
Pterocles orientalis	Imperial sandgrouse	3	1	0	4	Pterocilididae	5	Pterocilidiformes	5
Pterocles lichtensteinii	Close barred sandgrouse	1	0	0	1				
Columba livia	Rock pigeon	56	19	7	82	Columbidae	171	Columbiformes	171
Streptopelia	Indian ring dove	3	1	3	54				

decaocta		5	6						
Streptopelia orientalis	Oriental turtle dove	19	11	5	35				
Psittacula krameri	Rose ringed parakeed	31	25	17	73	Psitattacidae	73	Psittaciformes	73
Eudynamys scolopacea	Common koel	22	9	1	32	Cuculidae	32	Cuculiformes	32
Tyto alba	Barn owl	1	0	0	1	Tytonnidae	1	Strigformes	3
Bubo bubo	Northern eagle owl	1	1	0	2	Strigidae	2		
Caprimulgus asiticus	Little nightjar	5	1	1	7	Caprinuligidae	7	Caprimulgiformes	7
Coracias benghalensis	Indian roller	7	9	5	21	Coracidae	27	Coarciformes	71
Coracias garrulous	Eurasian roller	5	1	0	6				
Upupa epops	Hooppe	22	15	7	44	Upupidae	44		
Dendrocopos assmilis	Sind woodpecker	15	3	2	20	Picidae	20	Piciformes	20
Hirundo daurica	Red rumped swalkow	7	2	1	10	Hirundinidae	26	Passeriformes	342
Delichon urbica	Common house martin	9	5	2	16				
Pycnonotus leucogrnys	White cheeked bulbul	2	1	0	3	Pycnonotidae	14		
Pycnonotus cafer	Red vented bulbul	3	8	0	11				
Corves splendens	House crow	47	19	7	73	Covidae	81		
Corves macrorhynchos	Jungle crow	5	2	1	8				
Acridotheres tristis	Common myna	25	16	9	50	Sturnidae	50		
Passer domesticus	House sparrow	61	53	19	133	Passeridae	133		
Dicrurus macrocercus	Black Drongo	15	6	2	23	Piruridae	23		
Chloropsis hardwickii	Orange bellied leaf bird	9	5	1	15	Irenidae	15		

Rostratula benghalensus	Painted snipe	7	2	0	9	Rostratulidae	9	Charadiiformes	85
Pluvialis dominica	Eastern golden plover	19	5	2	26	Charadriidae	45		
Hoplopterus malabbaricus	Yellow wattled lapwing	11	3	5	19				
Larus canus	Common gull	7	2	2	11	Laridae	31		
Larus argentiatus	Herring gull	16	3	1	20				
Apus pallidus	Pale brown swift	24	19	2	45	Apodidae	69	Apodiformes	69
Apus affinis	House swift	19	4	1	24				

Tabela 14. Número de populações de aves registadas nas imediações dos aeródromos de Karachi em novembro de 2008.

Number and species of birds observed in November 2008									
Scientific Name	Common Name	No. of Birds observed			Total	Family	Total	Order	Total
		Adult		Juv.					
		M	F						
Bubulus ibis	Cattle egret	4	2	0	6	Ardeidae	39	Ciconiformes	52
Egretta gularis	Reef egret	2	5	1	8				
Egretta alba	Large egret	6	2	2	10				
Ardea cinerea	Grey heron	3	7	5	15				
Ciconia ciconia	White stork	2	0	3	5	Ciconidae	13		
Ciconia nigra	Black stork	5	2	1	8				
Pernis ptilorhyncus	Creasted honey buzzard	4	3	1	8	Accipitiridae	141	Accipitriformes	141
Milvus migrans .	Black kite	58	29	15	102				
Haliaster Indus	Brahminy kite	7	9	2	18				
Neophron percnopterus	Egyptian vulture	0	0	0	0				
Gyps benagalensis	White backed vulture	0	0	0	0				
Butastur teesa	White eyed buzzard	5	7	1	13				
Alectoris chuka	Chukar	9	11	5	25	Phasianidae	120	Galliformes	120
Francolinus francolinus	Black partridge	7	18	3	28				
Francolinus podicerianus	Indian grey partridge	21	15	9	45				
Coturnix coturnix	Common quail	11	9	2	22				
Pterocles orientalis	Imperial sandgrouse	2	1	0	3	Pterocilididae	5	Pterocilidiformes	5
Pterocles lichtensteinii	Close barred sandgrouse	1	1	0	2				
Columba livia	Rock pigeon	56	31	16	103	Columbidae		Columbiformes	188
Streptopelia decaocta	Indian ring dove	29	17	3	48				
Streptopelia orientalis	Oriental turtle dove	19	11	7	37				
Psittacula krameri	Rose ringed	31	16	19	66	Psitattacidae	188	Psittaciformes	66

	parakeed								
Eudynamys scolopacea	Common koel	21	10	9	40	Cuculidae	66	Cuculiformes	40
Tyto alba	Barn owl	1	0	0	1	Tytonnidae	40	Strigformes	3
Bubo bubo	Northern eagle owl	0	2	0	2	Strigidae	1		
Caprimulgus asiticus	Little nightjar	6	1	2	9	Caprinuligidae	2	Caprimulgiformes	9
Coracias benghalensis	Indian roller	8	3	1	12	Coracidae	9	Coarciformes	50
Coracias garrulous	Eurasian roller	5	2	0	7				
Upupa epops	Hooppe	19	7	5	31	Upupidae	19		
Dendrocopos assmilis	Sind woodpecker	15	12	7	34	Picidae	31	Piciformes	34
Hirundo daurica	Red rumped swalkow	5	2	2	9	Hirundinidae	34	Passeriformes	339
Delichon urbica	Common house martin	9	5	1	15				
Pycnonotus leucogrnys	White cheeked bulbul	2	1	1	4	Pycnonotidae	24		
Pycnonotus cafer	Red vented bulbul	7	5	0	12				
Corves splendens	House crow	42	39	9	90	Covidae	16		
Corves macrorhynchos	Jungle crow	4	2	0	6				
Acridotheres tristis	Common myna	25	17	11	53	Sturnidae	96		
Passer domesticus	House sparrow	64	37	21	122	Passeridae	53		
Dicrurus macrocercus	Black drongo	9	3	2	14	Piruridae	122		
Chloropsis hardwickii	Orange bellied leaf bird	5	7	2	14	Irenidae	14		
Rostratula benghalensus	Painted snipe	8	3	1	12	Rostratulidae	12	Charadiiformes	97
Pluvialis dominica	Eastern golden plover	6	2	2	10	Charadriidae	34		
Hoplopterus malabbaricus	Yellow wattled lapwing	19	4	1	24				
Larus canus	Common gull	15	19	7	41	Laridae	51		
Larus argenttatus	Herring gull	7	2	1	10				

Apus pallidus	Pale brown swift	18	6	1	25	Apodidae	60	Apodiformes	60
Apus affinis	House swift	15	11	9	35				

Tabela 15. Número de populações de aves registadas nas imediações dos aeródromos de Karachi em dezembro de 2008.

Number and species of birds observed in December 2008									
Scientific Name	Common Name	No. of Birds observed			Total	Family	Total	Order	Total
		Adult		Juv.					
		M	F						
Bubulus ibis	Cattle egret	3	2	1	6	Ardeidae	26	Ciconiformes	38
Egretta gularis	Reef egret	5	1	0	6				
Egretta alba	Large egret	4	2	2					
Ardea cinerea	Grey heron	5	1	0	6				
Ciconia ciconia	White stork	2	5	1	8	Ciconidae	12		
Ciconia nigra	Black stork	4	0	0	4				
Pernis ptilorhyncus	Creasted honey buzzard	7	3	1	11	Accipitiridae	155	Accipitriformes	155
Milvus migrans	Black kite	42	23	17	82				
Haliaster Indus	Brahminy kite	21	17	8	46				
Neophron percnopterus	Egyptian vulture	0	0	0	0				
Gyps benagalensis	White backed vulture	0	1	0	1				
Butastur teesa	White eyed buzzard	8	5	2	15				
Alectoris chuka	Chukar	11	7	1	19	Phasianidae	97	Galliformes	97
Francolinus francolinus	Black partridge	17	5	3	25				
Francolinus podicerianus	Indian grey partridge	14	13	2	29				
Coturnix coturnix	Common quail	7	15	2	24				

Pterocles orientalis	Imperial sandgrouse	12	1	0	13	Pterocilididae	18	Pterocilidiformes	18
Pterocles lichtensteinii	Close barred sandgrouse	3	1	1	5				
Columba livia	Rock pigeon	42	20	9	71	Columbidae	138	Columbiformes	138
Streptopelia decaocta	Indian ring dove	25	6	4	35				
Streptopelia orientalis	Oriental turtle dove	19	10	3	32				
Psittacula krameri	Rose ringed parakeed	25	13	4	42	Psitattacidae	42	Psittaciformes	42
Eudynamys scolopacea	Common koel	2	0	0	2	Cuculidae	2	Cuculiformes	2
Tyto alba	Barn owl	0	0	0	0	Tytonnidae	0	Strigformes	3
Bubo bubo	Northern eagle owl	0	3	0	3	Strigidae	3		
Caprimulgus asiticus	Little nightjar	11	5	1	17	Caprinuligidae	17	Caprimulgiformes	17
Coracias benghalensis	Indian roller	8	2	0	10	Coracidae	20	Coarciformes	67
Coracias garrulous	Eurasian roller	5	3	2	10				
Upupa epops	Hooppe	23	15	9	47	Upupidae	47		
Dendrocopos assmilis	Sind woodpecker	3	1	0	4	Picidae	4	Piciformes	4
Hirundo daurica	Red rumped swalkow	5	3	1	9	Hirundinidae	14	Passeriformes	281
Delichon urbica	Common house martin	4	1	0	5				
Pycnonotus leucogmys	White cheeked bulbul	2	1	1	4	Pycnonotidae	15		
Pycnonotus cafer	Red vented bulbul	6	5	0	11				
Corves splendens	House crow	68	29	17	114	Covidae	119		

Corves macrorhynchos	Jungle crow	3	1	1	5				
Acridotheres tristis	Common myna	24	15	4	43	Sturnidae	43		
Passer domesticus	House sparrow	31	26	6	63	Passeridae	63		
Dicrurus macrocercus	Black drongo	11	4	2	17	Piruridae	17		
Chloropsis hardwickii	Orange bellied leaf bird	9	1	0	10	Irenidae	10		
Rostratula benghalensus	Painted snipe	18	15	3	36	Rostratulidae	36	Charadiiformes	122
Pluvialis dominica	Eastern golden plover	12	4	0	16	Charadriidae	37		
Hoplopterusmalabbaricus	Yellow wattled lapwing	11	8	2	21				
Larus canus	Common gull	16	21	5	42	Laridae	49		
Larus argenttatus	Herring gull	5	2	0	7				
Apus pallidus	Pale brown swift	15	1	1	17	Apodidae	40	Apodiformes	40
Apus affinis	House swift	17	5	1	23				

Tabela 16. Número de populações de aves registadas nas imediações dos aeródromos de Karachi em janeiro de 2009.

Number and species of birds observed in January 2009									
Scientific Name	Common Name	No. of Birds observed			Total	Family	Total	Order	Total
		Adult		Juv.					
		M	F						
Bubulus ibis	Cattle egret	5	7	2	14	Ardeidae	35	Ciconiformes	56
Egretta gularis	Reef egret	2	3	1	6				
Egretta alba	Large egret	2	1	1	4				
Ardea cinerea	Grey heron	3	5	3	11				
Ciconia ciconia	White stork	6	3	1	10	Ciconidae	21		
Ciconia nigra	Black stork	5	3	3	11				

Pernis ptilorhyncus	Creasted honey buzzard	6	3	1	10	Accipitiridae	158	Accipitriformes	158
Milvus migrans	Black kite	48	25	8	81				
Haliaster Indus	Brahminy kite	6	13	8	27				
Neophron percnopterus	Egyptian vulture	4	6	3	13				
Gyps benagalensis	White backed vulture	3	6	2	11				
Butastur teesa	White eyed buzzard	8	5	3	16				
Alectoris chuka	Chukar	9	5	1	15	Phasianidae	82	Galliformes	82
Place of observation	Black partridge	16	4	2	22				
Maripur Karachi	Indian grey partridge	19	5	3	27				
Coturnix coturnix	Common quail	12	4	2	18				
Pterocles orientalis	Imperial sandgrouse	17	4	8	29	Pterocilididae	40	Pterocilidiformes	40
Pterocles lichtensteinii	Close barred sandgrouse	3	7	1	11				
Columba livia	Rock pigeon	32	17	4	53	Columbidae	133	Columbiformes	133
Streptopelia decaocta	Indian ring dove	23	19	3	45				
Streptopelia orientalis	Oriental turtle dove	29	4	2	35				
Psittacula krameri	Rose ringed parakeed	36	4	6	46	Psitattacidae	46	Psittaciformes	46
Eudynamys scolopacea	Common koel	16	14	6	36	Cuculidae	36	Cuculiformes	36
Tyto alba	Barn owl	13	7	4	24	Tytonnidae	24	Strigformes	38
Bubo bubo	Northern eagle owl	10	3	1	14	Strigidae	14		
Caprimulgus asiticus	Little nightjar	3	1	5	9	Caprinuligidae	9	Caprimulgiformes	9
Coracias benghalensis	Indian roller	6	3	4	13	Coracidae	22	Coarciformes	111
Coracias garrulous	Eurasian roller	6	2	1	9				
Upupa epops	Hooppe	33	54	2	89	Upupidae	89		

Dendrocopos assmilis	Sind woodpecker	54	3	5	62	Picidae	62	Piciformes	62
Hirundo daurica	Red rumped swalkow	5	2	1	8	Hirundinidae	17	Passeriformes	462
Delichon urbica	Common house martin	5	3	1	9				
Pycnonotus leucogrnys	White cheeked bulbul	44	3	2	49	Pycnonotidae	88		
Pycnonotus cafer	Red vented bulbul	4	33	2	39				
Corves splendens	House crow	78	64	2	144	Covidae	156		
Corves macrorhynchos	Jungle crow	4	5	3	12				
Acridotheres tristis	Common myna	24	5	2	31	Sturnidae	131		
Passer domesticus	House sparrow	55	66	28	149	Passeridae	149		
Dicrurus macrocercus	Black drongo/king crow	3	5	1	9	Piruridae	9		
Chloropsis hardwickii	Orange bellied leaf bird	6	4	2	12	Irenidae	12		
Rostratula benghalensus	Painted snipe	4	9	1	14	Rostratulidae	14	Charadiiformes	108
Pluvialis dominica	Eastern golden plover	34	5	1	40	Charadriidae	53		
Hoplopterus malabbaricus	Yellow wattled lapwing	7	4	2	13				
Larus canus	Common gull	15	7	4	26	Laridae	41		
Larus argenttatus	Herring gull	6	4	5	15				
Apus pallidus	Pale brown swift	5	7	4	16	Apodidae	28	Apodiformes	28
Apus affinis	House swift	5	2	5	12				

Tabela 17. Número de populações de aves registadas nas imediações dos aeródromos de Karachi em março de 2009.

Number and species of birds observed in March 2009									
Scientific Name	Common Name	No. of Birds observed			Total	Family	Total	Order	Total
		Adult		Juv.					
		M	F						
Bubulus ibis	Cattle egret	4	2	5	11	Ardeidae	52	Ciconiformes	84
Egretta gularis	Reef egret	3	14	2	19				
Egretta alba	Large egret	5	2	1	8				
Ardea cinerea	Grey heron	7	5	2	14				
Ciconia ciconia	White stork	9	5	2	16	Ciconidae	32		
Ciconia nigra	Black stork	8	6	2	16				
Pernis ptilorhyncus	Creasted honey buzzard	21	16	4	41	Accipitiridae	132	Accipitriformes	132
Milvus migrans	Black kite	37	21	5	63				
Haliaster Indus	Brahminy kite	8	5	2	15				
Neophron percnopterus	Egyptian vulture	1	1	0	2				
Gyps benagalensis	White backed vulture	1	0	0	1				
Butastur teesa	White eyed buzzard	3	6	1	10				
Alectoris chuka	Chukar	45	32	1	78	Phasianidae	124	Galliformes	124
Francolinus francolinus	Black partridge	17	5	2	24				
Francolinus podicerianus	Indian grey partridge	6	4	1	11				
Coturnix coturnix	Common quail	8	2	1	11				
Pterocles orientalis	Imperial sandgrouse	7	4	2	13	Pterocilididae	28	Pterocilidiformes	28
Pterocles lichtensteinii	Close barred sandgrouse	9	5	1	15				
Columba livia	Rock pigeon	39	52	18	109	Columbidae	165	Columbiformes	165
Streptopelia decaocta	Indian ring dove	6	19	5	30				
Streptopelia orientalis	Oriental turtle dove	8	15	3	26				
Psittacula	Rose ringed	25	16	11	52	Psitattacidae	52	Psittaciformes	52

krameri	parakeed								
Eudynamys scolopacea	Common koel	28	19	6	53	Cuculidae	53	Cuculiformes	53
Tyto alba	Barn owl	1	1	0	2	Tytonnidae	2	Strigformes	4
Bubo bubo	Northern eagle owl	1	1	0	2	Strigidae	2		
Caprimulgus asiticus	Little nightjar	7	9	3	19	Caprinuligidae	19	Caprimulgiformes	19
Coracias benghalensis	Indian roller	14	28	6	48	Coracidae	61	Coarciformes	101
Coracias garrulous	Eurasian roller	8	4	1	13				
Upupa epops	Hooppe	19	13	8	40	Upupidae	40		
Dendrocopos assmilis	Sind woodpecker	13	22	9	44	Picidae	44	Piciformes	44
Hirundo daurica	Red rumped swalkow	16	24	11	51	Hirundinidae	102	Passeriformes	680
Delichon urbica	Common house martin	32	15	4	51				
Pycnonotus leucogrnys	White cheeked bulbul	16	12	6	34	Pycnonotidae	88		
Pycnonotus cafer	Red vented bulbul	9	31	14	54				
Corves splendens	House crow	89	86	39	203	Covidae	239		
Corves macrorhynchos	Jungle crow	13	17	6	36				
Acridotheres tristis	Common myna	67	54	9	130	Sturnidae	130		
Passer domesticus	House sparrow	23	19	6	48	Passeridae	48		
Dicrurus macrocercus	Black drongo/king crow	16	5	8	29	Piruridae	29		
Chloropsis hardwickii	Orange bellied leaf bird	35	5	4	44	Irenidae	44		
Rostratula benghalensus	Painted snipe	31	16	8	55	Rostratulidae	55	Charadiiformes	216
Pluvialis dominica	Eastern golden plover	13	15	6	34	Charadriidae	94		

Hoplopterus malabbaricus	Yellow wattled lapwing	34	17	9	60				
Larus canus	Common gull	16	11	10	37	Laridae	67		
Larus argenttatus	Herring gull	12	17	1	30				
Apus pallidus	Pale brown swift	8	4	2	14	Apodidae	44	Apodiformes	44
Apus affinis	House swift	18	6	6	30				

Tabela 18. Número de populações de aves registadas nas imediações dos aeródromos de Karachi em maio de 2009.

Number and species of birds observed in May 2009									
Scientific Name	Common Name	No. of Birds observed			Total	Family	Total	Order	Total
		Adult		Juv.					
		M	F						
Bubulus ibis	Cattle egret	16	21	9	46	Ardeidae	141	Ciconiformes	226
Egretta gularis	Reef egret	6	2	1	9				
Egretta alba	Large egret	12	17	4	33				
Ardea cinerea	Grey heron	25	19	9	53				
Ciconia ciconia	White stork	13	19	8	40	Ciconidae	85		
Ciconia nigra	Black stork	21	18	6	45				
Pernis ptilorhyncus	Creasted honey buzzard	19	16	9	44	Accipitiridae	200	Accipitriformes	200
Milvus migrans	Black kite	27	26	5	58				
Haliaster Indus	Brahminy kite	15	19	7	41				
Neophron percnopterus	Egyptian vulture	1	1	0	2				
Gyps benagalensis	White backed vulture	0	2	0	2				
Butastur teesa	White eyed buzzard	16	29	8	53				
Alectoris chuka	Chukar	38	27	6	71	Phasianidae	241	Galliformes	241
Francolinus francolinus	Black partridge	18	6	1	25				
Francolinus podicerianus	Indian grey partridge	39	31	2	72				

Coturnix coturnix	Common quail	48	21	4	73				
Pterocles orientalis	Imperial sandgrouse	37	30	12	79	Pterocilididae	94	Pterocilidiformes	94
Pterocles lichtensteinii	Close barred sandgrouse	8	4	3	15				
Columba livia	Rock pigeon	17	42	11	70	Columbidae	202	Columbiformes	202
Streptopelia decaocta	Indian ring dove	48	31	16	95				
Streptopelia orientalis	Oriental turtle dove	19	12	6	37				
Psittacula krameri	Rose ringed parakeed	28	21	9	58	Psitattacidae	58	Psittaciformes	58
Eudynamys scolopacea	Common koel	39	46	5	90	Cuculidae	90	Cuculiformes	90
Tyto alba	Barn owl	1	0	2	3	Tytonnidae	3	Strigformes	3
Bubo bubo	Northern eagle owl	0	0	0	0	Strigidae			
Caprimulgus asiticus	Little nightjar	9	5	1	15	Caprinuligidae	15	Caprimulgiformes	15
Coracias benghalensis	Indian roller	16	12	5	33	Coracidae	40	Coarciformes	132
Coracias garrulous	Eurasian roller	5	1	1	7				
Upupa epops	Hooppe	39	42	11	92	Upupidae	92		
Dendrocopos assmilis	Sind woodpecker	33	19	4	56	Picidae	56	Piciformes	56
Hirundo daurica	Red rumped swalkow	6	8	1	15	Hirundinidae	30	Passeriformes	727
Delichon urbica	Common house martin	9	5	1	15				
Pycnonotus leucogrnys	White cheeked bulbul	4	6	1	11	Pycnonotidae	23		
Pycnonotus cafer	Red vented bulbul	8	4	0	12				
Corves splendens	House crow	89	70	32	191	Covidae	219		
Corves macrorhynchos	Jungle crow	8	17	3	28				
Acridotheres	Common myna	67	50	16	133	Sturnidae	133		

tristis									
Passer domesticus	House sparrow	93	69	47	209	Passeridae	209		
Dicrurus macrocercus	Black drongo/king crow	8	2	6	16	Piruridae	16		
Chloropsis hardwickii	Orange bellied leaf bird	39	54	4	97	Irenidae	97		
Rostratula benghalensus	Painted snipe	8	6	1	15	Rostratulidae	15	Charadiiformes	100
Pluvialis dominica	Eastern golden plover	17	15	7	39	Charadriidae	50		
Hoplopterus malabbaricus	Yellow wattled lapwing	3	7	1	11				
Larus canus	Common gull	18	3	7	28	Laridae	35		
Larus argenttatus	Herring gull	1	5	1	7				
Apus pallidus	Pale brown swift	7	3	1	11	Apodidae	36	Apodiformes	36
Apus affinis	House swift	12	9	4	25				

Tabela 19. Número de populações de aves registadas nas imediações dos aeródromos de Karachi em julho de 2009.

Number and species of birds observed in July 2009									
Scientific Name	Common Name	No. of Birds observed			Total	Family	Total	Order	Total
		Adult		Juv.					
		M	F						
Bubulus ibis	Cattle egret	5	3	6	14	Ardeidae	53	Ciconiformes	102
Egretta gularis	Reef egret	3	6	3	12				
Egretta alba	Large egret	3	5	6	14				
Ardea cinerea	Grey heron	7	2	4	13				
Ciconia ciconia	White stork	16	5	2	23	Ciconidae	49		
Ciconia nigra	Black stork	15	7	4	26				
Pernis ptilorhyncus	Creasted honey buzzard	19	9	3	31	Accipitiridae	110	Accipitriformes	110
Milvus migrans	Black kite	16	13	2	31				
Haliaster Indus	Brahminy kite	18	4	3	25				
Neophron percnopterus	Egyptian vulture	15	3	1	19				
Gyps benagalensis	White backed vulture	0	0	0	0				
Butastur teesa	White eyed buzzard	2	1	1	4				
Alectoris chuka	Chukar	21	4	2	27	Phasianidae	67	Galliformes	67
Francolinus francolinus	Black partridge	7	3	0	10				
Francolinus podicerianus	Indian grey partridge	5	2	1	8				
Coturnix coturnix	Common quail	13	4	5	22				
Pterocles orientalis	Imperial sandgrouse	3	2	1	6	Pterocilididae	19	Pterocilidiformes	19
Pterocles lichtensteinii	Close barred sandgrouse	6	5	2	13				
Columba livia	Rock pigeon	29	17	5	51	Columbidae	76	Columbiformes	76
Streptopelia decaocta	Indian ring dove	14	5	0	19				
Streptopelia orientalis	Oriental turtle dove	3	1	2	6				

Psittacula krameri	Rose ringed parakeed	24	5	8	37	Psitattacidae	37	Psittaciformes	37
Eudynamys scolopacea	Common koel	12	5	1	18	Cuculidae	18	Cuculiformes	18
Tyto alba	Barn owl	2	0	0	2	Tytonnidae	2	Strigformes	4
Bubo bubo	Northern eagle owl	2	0	0	2	Strigidae	2		
Caprimulgus asiticus	Little nightjar	2	1	0	3	Caprinuligidae	3	Caprimulgiformes	3
Coracias benghalensis	Indian roller	5	3	2	10	Coracidae	15	Coarciformes	31
Coracias garrulous	Eurasian roller	3	2	0	5				
Upupa epops	Hooppe	8	7	1	16	Upupidae	16		
Dendrocopos assmilis	Sind woodpecker	5	3	0	8	Picidae	8	Piciformes	8
Hirundo daurica	Red rumped swalkow	3	0	0	3	Hirundinidae	10	Passeriformes	197
Delichon urbica	Common house martin	4	2	1	7				
Pycnonotus leucogrnys	White cheeked bulbul	1	0	0	1	Pycnonotidae	9		
Pycnonotus cafer	Red vented bulbul	5	2	1	8				
Corves splendens	House crow	37	28	13	78	Covidae	87		
Corves macrorhynchos	Jungle crow	5	3	1	9				
Acridotheres tristis	Common myna	21	5	7	33	Sturnidae	33		
Passer domesticus	House sparrow	28	15	3	46	Passeridae	46		
Dicrurus macrocercus	Black drongo/king crow	3	1	0	4	Piruridae	4		
Chloropsis hardwickii	Orange bellied leaf bird	5	2	1	8	Irenidae	8		
Rostratula benghalensus	Painted snipe	3	1	0	4	Rostratulidae	8	Charadiiformes	57
Pluvialis	Eastern golden	4	2	1	7	Charadriidae	16		

dominica	plover								
Hoplopterus malabbaricus	Yellow wattled lapwing	2	5	2	9				
Larus canus	Common gull	11	8	3	22	Laridae	33		
Larus argenttatus	Herring gull	5	3	3	11				
Apus pallidus	Pale brown swift	1	5	0	6	Apodidae	9	Apodiformes	9
Apus affinis	House swift	2	0	1	3				

Tabela 20. Número de populações de aves registadas nas imediações dos aeródromos de Carachi em setembro de 2009.

Number and species of birds observed in September 2009									
Scientific Name	Common Name	No. of Birds observed			Total	Family	Total	Order	Total
		Adult		Juv.					
		M	F						
Bubulus ibis	Cattle egret	2	5	1	8	Ardeidae	16	Ciconiformes	26
Egretta gularis	Reef egret	0	1	0	1				
Egretta alba	Large egret	2	0	1	3				
Ardea cinerea	Grey heron	3	1	0	4				
Ciconia ciconia	White stork	1	6	2	9	Ciconidae	10		
Ciconia nigra	Black stork	0	0	1	1				
Pernis ptilorhyncus	Creasted honey buzzard	1	0	1	2	Accipitiridae	94	Accipitriformes	94
Milvus migrans	Black kite	42	26	12	84				
Haliaster Indus	Brahminy kite	0	1	0	1				
Neophron percnopterus	Egyptian vulture	0	0	0	0				
Gyps benagalensis	White backed vulture	0	1	0	1				
Butastur teesa	White eyed buzzard	4	1	1	6				
Alectoris chuka	Chukar	27	6	2	35	Phasianidae	98	Galliformes	98
Francolinus francolinus	Black partridge	17	2	1	20				
Francolinus podicerianus	Indian grey partridge	8	5	0	13				
Coturnix coturnix	Common quail	22	3	5	30				
Pterocles	Imperial	1	5	0	6	Pterocilididae	14	Pterocilidiformes	14

orientalis	sandgrouse								
Pterocles lichtensteinii	Close barred sandgrouse	6	2	0	8				
Columba livia	Rock pigeon	19	11	17	47	Columbidae	91	Columbiformes	91
Streptopelia decaocta	Indian ring dove	7	15	8	30				
Streptopelia orientalis	Oriental turtle dove	3	8	3	14				
Psittacula krameri	Rose ringed parakeed	9	2	5	16	Psitattacidae	16	Psittaciformes	16
Eudynamys scolopacea	Common koel	14	5	1	20	Cuculidae	20	Cuculiformes	20
Tyto alba	Barn owl	2	1	0	3	Tytonnidae	3	Strigformes	10
Bubo bubo	Northern eagle owl	5	2	0	7	Strigidae	7		
Caprimulgus asiticus	Little nightjar	2	2	0	4	Caprinuligidae	4	Caprimulgiformes	4
Coracias benghalensis	Indian roller	3	2	1	6	Coracidae	14	Coarciformes	24
Coracias garrulous	Eurasian roller	5	3	0	8				
Upupa epops	Hooppe	7	2	1	10	Upupidae	10		
Dendrocopos assmilis	Sind woodpecker	2	3	0	5	Picidae	5	Piciformes	5
Hirundo daurica	Red rumped swalkow	8	5	2	15	Hirundinidae	29	Passeriformes	133
Delichon urbica	Common house martin	5	7	2	14				
Pycnonotus leucogrnys	White cheeked bulbul	3	1	0	4	Pycnonotidae	4		
Pycnonotus cafer	Red vented bulbul	6	4	2	12				
Corves splendens	House crow	29	11	4	44	Covidae	52		
Corves macrorhynchos	Jungle crow	5	2	1	8				
Acridotheres tristis	Common myna	7	9	5	21	Sturnidae	21		
Passer domesticus	House sparrow	9	5	2	16	Passeridae	16		

Dicrurus macrocercus	Black drongo/king crow	3	2	1	6	Piruridae	6		
Chloropsis hardwickii	Orange bellied leaf bird	2	3	0	5	Irenidae	5		
Rostratula benghalensus	Painted snipe	1	0	0	1	Rostratulidae	2	Charadiiformes	27
Pluvialis dominica	Eastern golden plover	4	0	2	6	Charadriidae	16		
Hoplopterus malabbaricus	Yellow wattled lapwing	7	2	1	10				
Larus canus	Common gull	5	1	0	6	Laridae	9		
Larus argenttatus	Herring gull	3	0	0	3				
Apus pallidus	Pale brown swift	1	3	1	5	Apodidae	12	Apodiformes	12
Apus affinis	House swift	0	5	2	7				

Tabela 21. Número de populações de aves registadas nas imediações dos aeródromos de Carachi em novembro de 2009.

Number and species of birds observed in November 2009									
Scientific Name	Common Name	No. of Birds observed			Total	Family	Total	Order	Total
		Adult		Juv.					
		M	F						
Bubulus ibis	Cattle egret	5	8	0	13	Ardeidae	26	Ciconiformes	35
Egretta gularis	Reef egret	1	3	1	5				
Egretta alba	Large egret	0	1	1	2				
Ardea cinerea	Grey heron	5	1	0	6				
Ciconia ciconia	White stork	2	4	2	8	Ciconidae	9		
Ciconia nigra	Black stork	0	1	0	1				
Pernis ptilorhyncus	Creasted honey buzzard	3	1	3	7	Accipitiridae	75	Accipitriformes	75
Milvus migrans	Black kite	29	18	7	54				
Haliaster Indus	Brahminy kite	7	4	2	13				
Neophron percnopterus	Egyptian vulture	0	0	0	0				
Gyps benagalensis	White backed vulture	0	0	0	0				
Butastur teesa	White eyed buzzard	1	0	0	1				
Alectoris chuka	Chukar	13	0	5	18	Phasianidae	83	Galliformes	83
Francolinus francolinus	Black partridge	5	2	2	9				
Francolinus podicerianus	Indian grey partridge	3	1	1	7				
Coturnix coturnix	Common quail	18	24	7	49				
Pterocles orientalis	Imperial sandgrouse	9	7	3	19	Pterocilididae	25	Pterocilidiformes	25
Pterocles lichtensteinii	Close barred sandgrouse	4	0	2	6				
Columba livia	Rock pigeon	26	1	8	35	Columbidae	63	Columbiformes	63
Streptopelia decaocta	Indian ring dove	5	3	1	9				
Streptopelia orientalis	Oriental turtle dove	7	9	3	19				

Psittacula krameri	Rose ringed parakeed	5	8	5	18	Psitattacidae	18	Psittaciformes	18
Eudynamys scolopacea	Common koel	9	1	0	10	Cuculidae	10	Cuculiformes	10
Tyto alba	Barn owl	0	1	0	1	Tytonnidae	2	Strigformes	6
Bubo bubo	Northern eagle owl	1	0	1	2	Strigidae	4		
Caprimulgus asiticus	Little nightjar	3	1	0	4	Caprinuligidae	8	Caprimulgiformes	8
Coracias benghalensis	Indian roller	2	0	0	2	Coracidae	11	Coarciformes	23
Coracias garrulous	Eurasian roller	5	3	1	9				
Upupa epops	Hooppe	7	2	3	12	Upupidae	12		
Dendrocopos assmilis	Sind woodpecker	1	0	0	1	Picidae	1	Piciformes	1
Hirundo daurica	Red rumped swalkow	5	2	2	9	Hirundinidae	26	Passeriformes	193
Delichon urbica	Common house martin	9	7	1	17				
Pycnonotus leucogrnys	White cheeked bulbul	12	5	3	20	Pycnonotidae	20		
Pycnonotus cafer	Red vented bulbul	8	1	0	9				
Corves splendens	House crow	29	12	5	46	Covidae	53		
Corves macrorhynchos	Jungle crow	3	2	2	7				
Acridotheres tristis	Common myna	17	10	5	32	Sturnidae	32		
Passer domesticus	House sparrow	22	13	7	42	Passeridae	42		
Dicrurus macrocercus	Black drongo/king crow	5	3	1	9	Piruridae	9		
Chloropsis hardwickii	Orange bellied leaf bird	7	3	1	11	Irenidae	11		
Rostratula benghalensus	Painted snipe	2	0	1	3	Rostratulidae	3	Charadiiformes	43
Pluvialis dominica	Eastern golden plover	5	2	0	7	Charadriidae	10		

Hoplopterus malabbaricus	Yellow wattled lapwing	3	0	0	3				
Larus canus	Common gull	8	11	2	21	Laridae	30		
Larus argenttatus	Herring gull	5	3	1	9				
Apus pallidus	Pale brown swift	7	9	2	18	Apodidae	22	Apodiformes	22
Apus affinis	House swift	3	0	1	4				

Quadro 22. Número de populações de aves registadas nas imediações dos aeródromos de Karachi em dezembro de 2009.

Number and species of birds observed in December 2009									
Scientific Name	Common Name	No. of Birds observed			Total	Family	Total	Order	Total
		Adult		Juv.					
		M	F						
Bubulus ibis	Cattle egret	3	0	0	3	Ardeidae	26	Ciconiformes	40
Egretta gularis	Reef egret	1	5	0	6				
Egretta alba	Large egret	6	1	2	9				
Ardea cinerea	Grey heron	8	0	0	8				
Ciconia ciconia	White stork	5	3	2	10	Ciconidae	14		
Ciconia nigra	Black stork	2	1	1	4				
Pernis ptilorhyncus	Creasted honey buzzard	4	2	1	7	Accipitiridae	63	Accipitriformes	63
Milvus migrans	Black kite	18	21	5	44				
Haliaster Indus	Brahminy kite	7	3	1	11				
Neophron percnopterus	Egyptian vulture	0	0	0	0				
Gyps benagalensis	White backed vulture	1	0	0	1				
Butastur teesa	White eyed buzzard	0	0	0	0				
Alectoris chuka	Chukar	7	4	2	13	Phasianidae	79	Galliformes	79
Francolinus francolinus	Black partridge	3	1	3	7				
Francolinus podicerianus	Indian grey partridge	0	5	1	6				
Coturnix coturnix	Common quail	22	13	18	53				
Pterocles	Imperial	1	0	0	1	Pterocilididae	1	Pterocilidiformes	1

orientalis	sandgrouse								
Pterocles lichtensteinii	Close barred sandgrouse	0	0	0	0				
Columba livia	Rock pigeon	13	8	2	23	Columbidae	31	Columbiformes	31
Streptopelia decaocta	Indian ring dove	5	1	1	7				
Streptopelia orientalis	Oriental turtle dove	0	0	1	1				
Psittacula krameri	Rose ringed parakeed	16	2	0	18	Psitattacidae	18	Psittaciformes	18
Eudynamys scolopacea	Common koel	5	8	5	18	Cuculidae	18	Cuculiformes	18
Tyto alba	Barn owl	0	0	0	0	Tytonnidae	0	Strigformes	2
Bubo bubo	Northern eagle owl	0	1	1	2	Strigidae	2		
Caprimulgus asiticus	Little nightjar	5	3	0	8	Caprinuligidae	8	Caprimulgiformes	8
Coracias benghalensis	Indian roller	2	7	0	9	Coracidae	11	Coarciformes	22
Coracias garrulous	Eurasian roller	1	1	0	2				
Upupa epops	Hooppe	7	3	1	11	Upupidae	11		
Dendrocopos assmilis	Sind woodpecker	5	2	0	7	Picidae	7	Piciformes	7
Hirundo daurica	Red rumped swalkow	3	1	2	6	Hirundinidae	16	Passeriformes	137
Delichon urbica	Common house martin	5	3	2	10				
Pycnonotus leucogrnys	White cheeked bulbul	9	2	1	12	Pycnonotidae	12		
Pycnonotus cafer	Red vented bulbul	3	2	2	7				
Corves splendens	House crow	15	7	9	31	Covidae	42		
Corves macrorhynchos	Jungle crow	5	3	3	11				
Acridotheres tristis	Common myna	7	5	1	13	Sturnidae	13		
Passer domesticus	House sparrow	18	15	3	36	Passeridae	36		

Dicrurus macrocercus	Black drongo/king crow	4	3	1	8	Piruridae	8		
Chloropsis hardwickii	Orange bellied leaf bird	8	2	0	10	Irenidae	10		
Rostratula benghalensus	Painted snipe	5	7	1	13	Rostratulidae	13	Charadiiformes	52
Pluvialis dominica	Eastern golden plover	2	1	0	3	Charadriidae	9		
Hoplopterus malabbaricus	Yellow wattled lapwing	3	2	1	6				
Larus canus	Common gull	11	13	2	26	Laridae	30		
Larus argenttatus	Herring gull	2	1	1	4				
Apus pallidus	Pale brown swift	0	2	0	2	Apodidae	3	Apodiformes	3
Apus affinis	House swift	1	0	0	1				

O empoleiramento de aves nas imediações de aeródromos tem sido perigoso para as aeronaves ao longo dos anos. O resultado são danos graves, perdas de custos elevados e um risco elevado para os passageiros aéreos. Com o desenvolvimento das tecnologias de aumento da velocidade e de redução dos níveis de ruído das aeronaves, o risco de colisão com aves aumenta.

Alguns especialistas em aeródromos consideram que a destruição das aves nos aeródromos é a forma mais rápida e eficaz de prevenção das colisões de aves. Sabe-se que centenas de aves são destruídas com recurso a tiro, armadilhas e substâncias químicas na zona dos aeródromos. Grundler (2006) afirmou que o nível de segurança de voo é caracterizado pela probabilidade de um acidente com uma aeronave. No entanto, ninguém duvidará da atualidade do problema da proteção das aeronaves contra a colisão de aves, que conduz a acidentes, causa grandes danos à aviação e cria um risco constante para a segurança.

O objetivo destes testes a longo prazo era encontrar opções de cobertura vegetal e de corte extensivas e económicas que fossem adequadas para a gestão das áreas verdes ao longo das pistas do aeroporto de Munique.

MacKinnon (2003) propôs um modelo para a normalização da análise estatística do bird strike em termos de parâmetros que conduz ao desenvolvimento de uma estratégia de previsão do bird strike.
De acordo com o presente estudo, os principais atractivos para as aves nos aeródromos selecionados foram as fontes de alimentação, tais como campos cultivados, restos de animais, minhocas. Insectos, anfíbios, répteis, peixes em lagoas e vegetação aquática.

O habitat dos aeródromos também exerce uma atração importante sobre diferentes aves, devido à presença de culturas agrícolas, valas danificadas, aterros, pântanos, lodaçais, retenções, charcos, lagoas de esgotos e vegetação de poleiro. Os diferentes locais de nidificação também facilitam o alojamento das aves em redor dos aeródromos. Foram também observadas práticas de lavoura nas proximidades dos aeródromos. O cultivo, a fenação e a colheita também favorecem a fixação de aves nessas zonas (Quadro 6).

Em todos estes aeródromos são utilizadas diferentes técnicas de dissuasão e dispersão das aves, incluindo repelentes químicos pulverizados na vegetação, vedações, caça e destruição de tocas, fumigantes e cartuchos de gás para controlar as aves e os pequenos mamíferos. O tiro e o envenenamento com isco também são comuns (quadro 7). Podem ser utilizados diferentes tóxicos, como o floroacetato de sódio.

O estrelicida e os alcolóides de estricnina são utilizados para matar a população descontrolada de aves, enquanto alguns agentes assustadores, como a aminopirordina, podem ser úteis para repelir estorninhos, pardais domésticos, pombos, pombas e gaivotas (quadro 8). Caithness (1984) relatou os pormenores de uma operação de envenenamento destinada a eliminar uma colónia de reprodução da gaivota do Sul.

Crespo (1984) efectuou uma observação prática da falcoaria como método de dissuasão das aves nos aeroportos.

Hild (1984) estudou a utilização de falcões para a eliminação de aves. Kull (1984) propôs um modelo de prevenção de aves para voos militares a baixa altitude nos EUA. A equipa de peritos em risco de colisão de aeronaves com aves desenvolveu um modelo de evitamento de aves (BAM) gerado por computador. O modelo baseia-se em dados sobre a migração das aves, bem como nas longitudes e latitudes de todas as rotas militares a baixa altitude.

Diferentes ruídos bioacústicos e gerados eletronicamente (por exemplo, o Av-alarm) podem também ser utilizados como dispositivos de afugentamento. Num outro estudo, Butter e Weisis (1986) discutiram a eficácia dos sinais sonoros para afugentar as aves da zona de alimentação. Pluecken (2005) discutiu a possibilidade de abater aves em operações de controlo de aves como uma ajuda para tornar a área do aeroporto pouco atractiva para as aves ou para as dispersar dos aeroportos. As principais tarefas consistiram na determinação e descrição das áreas em que as aeronaves podem causar perturbações e em que existe risco de colisão com aves, bem como na formulação de recomendações sobre a forma de evitar essas perturbações.

O regime de relva longa também tem sido um instrumento muito difundido e bem sucedido na prevenção de ataques de aves a aeródromos. O alimento não só estará inacessível como também menos disponível para as aves. De acordo com o presente estudo, *o Milvus migran* (milhafre-preto) é a principal espécie presente nos locais selecionados e, devido ao seu maior tamanho, representa um sério risco para as aeronaves durante as condições de descolagem e aterragem. *O Milvus migran* é também designado por ave do lixo porque atrai as lixeiras. A redução do número de lixeiras permite controlar a população de *Milvus migrans* (milhafre-preto). Outras ameaças importantes são colocadas pelos membros da Ordem Columb formes e da Ordem Passeriformes. Antes do presente estudo, não havia dados científicos sobre a população e a situação da avifauna nos principais aeródromos de Carachi. Espera-se que este estudo sirva de base para novas investigações e futuros planos de gestão para tornar os nossos aeródromos seguros contra os perigos das aves. As Tabelas 9 a 22 mostram o número de populações de aves registadas nas imediações dos aeródromos de Karachi durante o estudo de 2008 e 2009 (Roohi *et al.*, 2015), enquanto as Figuras 1-3 mostram que as colisões de aves causam danos nas aeronaves.

Fig. 1. Os ataques de aves causam danos nos para-brisas das aeronaves. (Fonte: http://www.birdstrikenews.com; Roohi *et al.,* 2015).

Fig. 2. Uma ave atinge o helicóptero pela parte da frente. (Fonte: www.blogs.usda.gov; Roohi *et al.,* 2015).

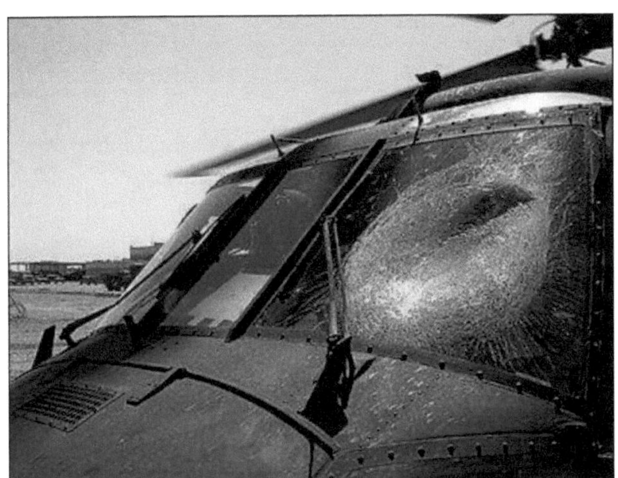

Fig. 3. Ataques de aves graves a um avião militar. (Fonte: www.ww2aircraft.net; Roohi *et al.,* 2015).

REFERÊNCIAS

Aas, C. 1997. Atropelamentos de aves em aeronaves militares na Noruega 1985-1995. Vogel e Luftverkehr Bd.2/97: 77-86

Alge, T. 2001. Airport bird threat in North America from large flocking birds Geese as viewed by an engine manufacturer. Vogel e Luftverkehr, Bd. 2/00:12-18

Allan, J.R., Kirby, J.S e Feare.C.J. 1995. The biology of Canada Geese *Branta Canadensis* in relation to the management of feral populations. Wildlife Biology: 129143.

Allan, J.R., Bell, J.C e Jackson, V.S. 1999. An assessment of the world wide risk to air craft from large flocking birds. Proceedings of birds strike. Transport Canada. pp89.

Balwin, P. 2002. Quando as aves dos prados estão a ficar fartas de demasiado verde. Bird and Aviation, Edição 1/02: 37-45

Beuter, K.J. e Weiss. 1986. Propriedades do sistema auditivo das aves e eficácia dos sinais acústicos de susto. Meet. Comité de Aves de Bordo. Eur. 8:60-73

Blokpoel, H. 1976. Prediction of the spring migration of Snow Geese across terminal control area of Winnipeg international Airport Birdstrike Committee Europe 10; Stockholm. Bird and Aviation. 192-195.

Buurma, L.S. 2003 Super abundância em aves. Bird and Aviation. 23: 1, 5961.

Baxter, A. 2001. Gull movements in Europe (Parte da avaliação das técnicas de controlo de aves em aterros sanitários) NWET ltd. Trust news issue.8:7-10.

Becker, J. 2000. O efeito da falcoaria no controlo de aves no aeroporto. Vogel e

Luftverkehr. Bd. 1/00: 26-36.

Becker, J. 2002. Insectos transportados pelo ar como perigo para a segurança da luta contra a humidade. Bd. 2/02: 38-46.

Beg, M.A. 1990. Princípios gerais da gestão das pragas de vertebrados. Um manual de formação sobre a gestão de pragas de vertebrados. Pakistan Agric. Res. Council, Islamabad, Paquistão. pp. 5-8

Brockmann, J. e Rohloff .1999. Relação entre o cultivo de gramíneas. Desenvolvimento da população de ratazanas *(Microtus arvolis)* e a ocorrência de aves de rapina no aeroporto internacional de Hanôver-Langenhaga. Vogel e Luftverkehr. Bd.1/99: 53-61

Brostel, K. e Haemker. 2003. A long-term study on the correlation between the population of small animals and the number of predatory Birds at Bremen Airport. Bird and Aviation. Volume 23: 78-81

Brough, T. e Horton, N.1997. Problemas das aves nocturnas nos aeródromos. Vogel e Luftverkehr. Bd. 1/97: 5-15

Bruderer, L. e Liechti, F. 1998. Quantificação da migração das aves. Comparação de diferentes meios. Vogel e Luftverkehr. Bd. 1-2/98: 88-106

Buurma, L.S. 1998. Radares de vigilância de longo alcance como indicadores do número de aves no ar. Vogel und Luftverkehr.Bd: 1-2/98: 107-122 .

Burma, L.S. 2003. Super abundância em Aves, Tendências, Tendências Húmidas e Avadin. Bird and Aviation. 23(1):59-61

Caccamise, D.F. e Romanowski. J. 2000. Riscos de colisão de aves e instalações de gestão de resíduos em terrenos urbanos. Vogel e Luftverkehr. Bd. 1/00:64-68

Caithness, T.A. 1984. Controlar uma colónia de gaivotas perto do aeroporto da Nova Zelândia. Relatório do Comité Bird Strike. 350-358.

Carter, N.B. 2002. A utilização de programas de controlo de aves e animais selvagens no curso de burder. Vogel e Luftverkehr.Bd. 1/02: 56-61.

Crespo, D.D. 1984. Observação prática da falcoaria como método de dissuasão de aves em aeroportos. Comité Bird Strike Europa. pp.382

Cookesmith, R. A. 1965. Method of clearing birds from United Kingdom civil aerodromesIn: R.G. Busnel e J. Giban eds. Le probleme des oiseuax sur les aerodromes. Inst. Nat. Rech. Agron., Paris. . pp. 131-137Deacon, N. 2000. Airfield Bird control applying the principles. Vogel e Luftverkehr. Bd. 1/00. 69-79.

Dekkar, A. 1996. Contagem de aves em aeródromos. A management tool in the prevention of on airfield bird strikes. Vogel e Luftverkehr. Bd.2/ 96:29-46

Dekkar, A. 2000. Cobertura do solo com relva longa pobre e baixa densidade de aves para o ambiente aeroportuário. Actas do Comité Internacional de Combate às Aves. 25: 227-236.

Demarchi, M. W. 1996. Ecologia aviária e segurança do tráfego aéreo no Aeroporto Internacional de Vancouver, Monitorização não invernal 1996LGL Report EA. 6361 Preparado para a Transport Canada .59pp.

Demarchi, M.W e Searing, G.F. 1996. Ecologia aviária e segurança do tráfego aéreo no Aeroporto Internacional de Vancouver. Monitorização LGL. Relatório E.A 6361 . Preparado para Transport Canada. 69pp.

Dolbeer, R..A., Seamans, T.W., Blackwell, B.F. e Belant, J. L. 1998. A formulação de antraquinona (controlo de voo) mostra-se promissora como repelente de alimentação de aves. Journal of Wildlife management. 62(4):1558-1564.

Dolbeer, R..S. e Eschenfelder, P. 2004. Amplified birdstrike risks related to population increase of large birds North America .Vogel and Luftverkehr. Bd. 3/02: 28-31.

Draulans, D. 1987. The effectiveness of attempts to reduce predation by fish-eating birds: a review. Biol. Conserv. 41:219-232.

Ebert, J. 2002. A situação da colisão de aves na América do Norte com base no exemplo de Lima/Peru. Vogel e Luftverkehr. Bd.2/02: 77-84

Escherfelder, P. 2000 a. Animais selvagens, Vogel e Luftverkehr. Bd. 1/100: 11-15.

Escherfelder, P. 2000 b. Conselhos às tripulações de voo sobre o perigo da vida selvagem. Vogel e Luftverkehr. Bd, 1/00: 16-20.

Fehr, I. 2002. A colisão de aves, o aeroporto de Lube beck-Blankensee. Vogel e Luftverkehr. Bd. 2/02: 65-76.

Ferns, P.N. 1996. Monitorização da atividade das aves nos aeródromos britânicos. Vogel e Luftverkehr. Bd. 2/96: 47-56

Glahn, J.F., Stickley, A.F., Heisterberg, J.F. e Mott, D.F. 1991. Impacto do controlo de poleiros nos problemas locais de melros urbanos e agrícolas. Wildl. Soc. Bull. 19(4):511-522

Grundler, T. 2006. Estudo sobre as possibilidades de melhorar a gestão das zonas de pastagem ao longo das pistas do aeroporto de Munique. Bird and Aviation. Volume 26. Número 1

Hahn, B.L.1997. Falcoaria e controlo de aves de um aeródromo militar e de um local de eliminação de resíduos. Vogel e Luftverkehr. Bd.1/97: 16-27

Hahn, B.K. 2004. Caraterísticas ambientais naturais do campo de aviação de Holzdorr e medidas de prevenção de colisões de aves. Bird and Aviation. 24:1:68-73

Hardman, J.A. 1974. Danos causados pelas aves à beterraba sacarina. Ann. Appl. Biol. 76: 337341

Harke, D. 1968. Agentes molhantes e o seu papel no controlo de danos em melros. Proc. Seminário de Controlo de Aves 4:104-108.

Harrison, M.J. 1986. Avoiding Bird strike. Bird and Aviation. Resto II. Pp 324-325

Harris, R.. e Davis, R. 1998. Aerodrome safety information circular, Evaluation of the efficacy of products and techniques for airport bird control. Transport Canada surety and security manual. 23-25

Heighway, D.G. 1970. Falcoaria na Marinha Real. In: M.S. Kuhring (ed.). Proc. World Conf, on Bird Hazards. Nat. Research Council Canada, Ottawa. pp. 187-194

Henning, F. W. 2003. Densidade de pintassilgos em Frankfurt. Bird and Aviation .23: 1, 63-65.

Herzog, G. 1997. O aeródromo de Neubrandenburg. Vogel e Luftverkehr. Bd. 1/97:81-90

Hild, J. 1984. Recommendations for the Bird strike control on airports. Relatório do Comité Bird Strike Europa. 227-228

Hild, J. e Werner, J. 2001. O aeroporto de Berlim-Tegel. Vogel e Luftverkehr. Bd. 1/01: 47-59.

Hild, J. 2001. World-wide Bird strike statistics 1998. Vogel e Luftverkehr. Bd. 2/01: 25-30.

Hild, J. 1999. Problema especial das actividades de prevenção de colisão com aves em aeródromos regionais na Alemanha, Vogel and Luftverkehr.Bd. 1/99: 79- 95

Hild, J. e Muentze, T. 2000.Consulting mission on the new Athens International Airport Project. Vogel e Luftverkehr. Bd. 2/00:41-52

Hild, J. 2002. Worldwide bird strike statistics "1999". Vogel e Luftverkehr. Bd : 2./510.

Hild, J. 2003. International bird strike statistics for the year 2000. Bird and Aviation. 23:2: 16-21.

Hild, J. 1995. Manual de serviços aeroportuários da ICAO. Controlo e redução britânicos (Parte 1). Vogel e Luftverkehr. Bd. 1/95: 3-18.

Hild, J. e Morgenroth, K. 2004. The significance of habitat structure and vegetation for the prevention of bird strikes at Friedrichshafen Airport. Bird and Aviation.24: 1: 15-19

Horton, N., Brought, T. e Rochard, J. 1983. The importance of refuse tips to gulls wintering in an inland areas of south east England. J.Appl. Ecol. 20:751-765.

Jackson, V.S. e Brown, J. 1998. Avaliação de um sistema de redes fixas de grandes dimensões como forma de excluir as aves de um aterro de resíduos domésticos. Relatório para a caird environmental ltd. pp.35

Jackson, V.S. e Allan, J. R. 2002. Nature Reserves and aerodromes Resolving conflicts. Vogel e Luftverkehr. Bd. 1/02: 68-75.

Kelly, T.C., Murphy, J amd Bolger.R. 2000. Distribuição ecológica e controlo do perigo das aves. Vogel e Luftverkehr. Bd. 1/100: 21-25.

Lehmkuhl, H. 2003. Overview of the bird strike problem. Bird and Aviation. 23: 2, 36-38

Lustick, S.I. 1976. A humidificação como meio de controlo das aves. Proc. Seminário de Controlo de Aves 7:41-47.

MacKinnon, B. 2001. Controlo dos gansos do Canadá. Vogel e Luftverkehr . Bd. 1/01: 38-46.

MacKinnon, B. 2003. New Regulations for Airport Operators. Bird an Aviation, Volume 23, Número 1

Major, P.F e Dill, L. M. 1978. A estrutura tridimensional de nocks de aves transportadas pelo ar. Behav. Ecol.Sociobiol. 4: 111- I 12.

Marchant, J.H., Hudson, R., Carter, S.P. e Whittington, P. 1990. Populations trend in British breeding birds. British trust for ornithology Hertfordshive.

Morgenroth, C. 2001a. Recomendação para a aprovação de escavações de cascalho abaixo do nível freático com base na prevenção de colisões com aves. Vogel e Luftverkehr. Bd. 2/01: 82-94.

Morgenroth, C. 2001. b. O programa de registo e análise anfaunística "Bird Control". Vogel e Luftverkehr.1/01: 32-37.

Morgenroth, C. e Pfleging, F. 2001. Bird Strike Prevention and Grassland Management at Bremen Airport. Vogel und Luftverkehr, Bd. 2/01: 59-71

Mason, J.E. 1980. Airport bird control: a experiência de um empreiteiro. Documento 7 In: Proc. 1st Meeting North Am. Workshop de prevenção de ataques de aves, setembro de 1980, Ottawa. Pp.5

Mead, H e Carter, A. W. 1973: The management of long grass as a bird repellent on air fields. Journal of British grassland society.28: 219-221.

Milsom, T. P. 1990. Lapwings Vanallus vanallus em aeródromos - os riscos de colisão das aves. Ibis .132:218-231.

Mudge, G.P. e Fems. P.M. 1982. The feeding ecology of five species of gulls *(Larus)* in the inner Bristol channel . J.Zool.Lond 197: 497- 510.

Parr, D. 1968. Gull flightlines in Middlesex and surrey in the winter of 1968/1969. Surrey bird Report 1968 .p 36-42.

Pluecken, F. 2005. Cooperation between aviation and nature conservation - a field report from Brandenburg, including a short report on the model project "aviation and nature conservation at Schonhagen airfield" (Part I). Bird and Aviation, Volume 25, Número 1

Pomeroy, H. e Hepner, F. 1992. Structure and turning in airborne Rock Dove *Columbia livia,* flocks near airports. The Auk. 190: 2:256-267.

Primus, T.M e Furcolow, C.1997. Resíduos de antraquinona em sementes de arroz tratadas antes e depois do intemperismo no campo, USDA . Relatório do projeto de química analítica do APHIS. Centro Nacional de Investigação da Vida Selvagem Collins.

Randall, R. 1975. Deathtraps for birds. Defenders Wildl. 50:35-38.

Richardson, W.J. e West, T. 2000. Serious bird strikes accidents to military aircraft - lista actualizada e resumo. Procedimentos do comité internacional de colisão de aves. 25:67-98.

Reichholf, J. H. 2002. Mudanças na abundância de água na área circundante do aeroporto, Resultados e Tendências de 1990 a 2000.Vogel und Luftverkehr. Bd,1/02:31-36

Robinson, N. 2001. The potential for significant financial loss resulting from bird striker in or around an Airport. Vogel e Luftverkehr. Bd. 1/01: 21-29.

Ruhe, W. 2000. Desenvolvimento de um sistema automático de informação sobre a migração das aves. Vogel e Luftverkehr, Bd. 2/00: 69-73.

Ruhe, W. 2001. A. Estatísticas de ataques de aves das forças armadas alemãs 19912000. Vogel e Luftverkehr. Bd. 2/01: 17-24.

Ruhe, W. 2001. B. First result from the ASR Bird Migration observation program at Munich Airport. Vogel e Luftverkehr. Bd. 2/01: 42-58.

Ruhe, W. 2002. The weather Radar-Another Monitoring device for bird activity. Vogel e Luftverkehr. Bd: 2/02- 47-58.

Seubert, J.L.1996. Populações de gansos do Canadá da América do Norte, um perigo crescente para a aviação. Actas do Comité Internacional da Batida de Aves. 23: 235-236.

Shake, B. 1968. Controlo de aves de pomar com armadilhas de engodo. Proc. Seminário de Controlo de Aves 4:115-118.

Spear, P.J. 1966. Métodos e dispositivos de controlo de aves, comentários da Associação Nacional de Controlo de Pragas. Proc. Sem. de Controlo de Aves. 3:134-143.

Speelman, R. J. 2000. Aircraft Bird strike, preventing and tolerating. Vogel e Luftverkehr. Bd. 2/50: 19-29.

Sugg, R.R. 1965. An investigation into bird densities which might be encountered by aircraft during takeoff and landing, informação técnica. . Actas do Comité de Greve de Aves 65-68.

Thrope, J. 1996. Fatalities and destroyed civil aircraft due to bird strikes. Actas do Comité Internacional sobre a colisão de aves. 23: 17-39.

Thrope, J. 2001. Bird stroke to Airliner Turbine Engine. Vogel e Luftverkehr. Bd. 1/01: 12-20.

Vantets, G.F. 1966. A photographic method of estimating densities of birds flocks in flight (Um método fotográfico para estimar densidades de bandos de aves em voo). CSIRO Wild Res. 11: 103-110.

Walker, J. M. e Venables,W.A. 2000.Weather and Bird migration. Vogel e Luftverkehr. Bd. 2/00: 53-68.

Weitz, H. 2000. Birsrikes of The United States Air Force 1985-1999 and its cost. Vogel e Luftverkehr, Bd. 2/50: 5-11.

Weitz, H. 2002. A garça-real. Vogel e Luftverkehr Bd. 2/02: 59-64.

RECONHECIMENTO

Os autores agradecem aos funcionários da base de Masroor por terem disponibilizado as instalações para os inquéritos de campo durante o trabalho de investigação.

Printed by Books on Demand GmbH, Norderstedt / Germany